W0178566

# Präsentieren

Claudia Nöllke

5. Auflage

# Inhalt

# Vorwort

Fast jeder sieht sich irgendwann einmal mit der Aufgabe konfrontiert, vor anderen etwas präsentieren zu müssen. Vielleicht hat Ihr Chef Sie gebeten, einen Vortrag zu halten. Vielleicht haben Sie gerade eine Stelle als Vertriebsassistent angetreten und sollen sparsamen Kunden sündhaft teure Computer verkaufen. Oder Sie wollen in einer Informationsveranstaltung für eine gemeinnützige Sache werben.

Was auch immer Sie vorhaben oder wozu man Sie überredet hat – dieser TaschenGuide lehrt Sie rasch die wichtigsten Schritte zu einer eindrucksvollen, überzeugenden Präsentation.

Er zeigt Ihnen mit vielen wertvollen Tipps und Checklisten, wie Sie sich effektiv vorbereiten und mit Hilfsmitteln von Flipchart bis PowerPoint Ihre Zuhörer fesseln können. Sie erfahren außerdem, was eine gute Nachbereitung bringen kann und wie Sie auch während der Präsentation alle auftauchenden Schwierigkeiten souverän und professionell meistern. Sie werden sehen, dass es gar nicht so schwer ist, mit abwechslungsreichen, tollen Präsentationen bei Ihrem Publikum anzukommen.

*Claudia Nöllke*

# Die fünf schlimmsten Präsentationskiller

Die meisten Präsentationen wirken wie Schlaftabletten. Mit jedem Wort des Vortragenden sinken wir tiefer in den Stuhl. Fünf der häufigsten Fehler werden im folgenden Abschnitt näher betrachtet.

# So bitte nicht

Viele Reden, Vorträge und Vorführungen warten nicht mit einem Fehler auf, sie sind eine Ansammlung von kleinen Katastrophen. Der Zuhörer straft sie, indem er sich auf dem Stuhl räkelt, zur Toilette geht, mit dem Nachbarn schwatzt oder Verkäufern die Tür weist. Wenn Sie während Ihrer eigenen Präsentation solche Reaktionen beobachten – was schon ein Pluspunkt ist, manche Redner sehen Ihre Zuhörer erst gar nicht an –, dann machen Sie irgend etwas noch nicht ganz richtig. Aber schauen wir uns erst einmal an, womit die meisten Redner sich unbeliebt machen.

1   Ich rede so lange ich will!
    Das ist eine weitverbreitete Sünde. Manche finden es schick und halten es für ihr Recht, die Redezeit zu überschreiten. Schließlich sind die anderen Vorträge nicht so wichtig wie der eigene! Typisch sind Sätze wie: „Aber nun komme ich endlich zum Schluss, meine sehr verehrten Damen und Herren ...", und dann folgen weitschweifige Ausführungen, natürlich immer wieder von dem Versprechen unterbrochen, gleich am Ende zu sein. Eines ist dabei sicher: die Zuhörer sind es schon lange.

2   Ich spreche einfach über mein Thema!
    Natürlich müssen Sie über Ihr Thema sprechen. Aber setzen Sie die richtige Brille dabei auf! Angenommen, ein Lebensmittelkonzern bittet einen renommierten Wissenschaftler, auf einer Pressekonferenz über gentechnisch veränderte Lebensmittel zu sprechen. Der Mann kennt sich

hervorragend aus und kommt gleich zur Sache. Nur leider hat er vergessen, sein Publikum erst einmal aufzuklären, was gentechnische Manipulation bei Lebensmitteln ist. Denn im Publikum sitzen nicht die Kollegen des Wissenschaftlers und auch nicht die Fachpresse, sondern junge Mütter, die das neue Essen auf den Familientisch bringen sollen.

Auch der umgekehrte Fall ist ungünstig, wenn ein Redner in aller Ausführlichkeit ein Publikum aufklärt, das über die Materie bereits bestens im Bilde ist.

3 Am besten ignoriert man die Zuhörer!
Sicher haben Sie schon Versicherungsberater erlebt, die zwar wie ein Wasserfall, aber nicht zu Ihnen gesprochen haben. Oder schwitzende Referenten, die vor Lampenfieber keinen Blick ins Publikum werfen. Kein Wunder, es könnte ja schon gegangen sein.

Die Zuhörer und ihre Bedürfnisse zu ignorieren, kann viele Ursachen haben. Unsicherheit, Aufregung oder Angst sind sicher die häufigsten. Dieses Büchlein wird Ihnen im Kapitel „Keine Angst vor Lampenfieber!" (S. 53) zeigen, wie Sie souverän auftreten.

4 Improvisation ist alles!
Das finden so manche Redner, die uns mit ihrer Präsentation auf die Nerven gehen. „Ich hatte einfach keine Zeit mich vorzubereiten" ist das eigentliche Thema ihres Vortrags. Sie haben ständig etwas vergessen zu erwähnen und müssen dann noch mal von vorne anfangen. Sie er-

zählen Witze, die nicht zum Thema passen. Sie fuchteln mit einem USB-Stick herum und blicken dabei hoffnungsvoll ins Publikum: „Kennt sich hier zufällig jemand mit dem Beamer aus?" Aber natürlich, es gibt bestimmt irgendeine mitleidige Seele, die diesem Meister der Improvisation aus der Patsche helfen wird. Aber verdient hat er es nicht!

5   Ich bin besser als andere!

Sollte dies wirklich der Fall sein, herzlichen Glückwunsch. Aber selbst dann sollte man, wenn überhaupt, geistige Höhenflüge sparsam dosieren. Die meisten Menschen, die sich Ihre Präsentation anhören, werden Normalsterbliche sein. Das bedeutet: Auch wenn Sie ein besonders intellektueller, talentierter, begnadeter Zeitgenosse sind – verzichten Sie auf abgehobene Anspielungen oder unverständliche Begriffe, und erzählen Sie keine Witze in einer Sprache, die kein Mensch versteht. Schön, wenn Sie begabt sind. Aber die meisten Zuhörer sind bestimmt nicht gekommen, um Sie zu bewundern.

> Sie selbst müssen im Beruf oder privat immer wieder unprofessionelle Präsentationen ertragen. Nutzen Sie diese Erfahrung für sich! Überlegen Sie: Warum reagiere ich gelangweilt oder wütend? Mit welchen Verhaltensweisen hat der Vortragende meine negativen Gefühle provoziert?

# Präsentationen vorbereiten

Eine Präsentation kann nur so gut werden wie ihre Vorbereitung. Dabei gilt es, sich vorab über alle Rahmenbedingungen des Vortrags klar zu werden.

In diesem Kapitel erfahren Sie

- wie Sie die passenden Vortragsziele definieren (S. 10),
- wie Sie Ihre Inhalte sammeln und gliedern (S. 15),
- wie Sie die Zuhörer mit der richtigen Dramaturgie fesseln (S. 20),
- welche Gedächtnisstützen Sie für Ihren Vortrag verwenden können (S. 30) und
- weshalb Sie die Vortragssituation im Vorfeld üben sollten (S. 42).

# Redeanlass, Publikum und Umgebung

Bevor Sie sich den Kopf über Inhalte und geniale Formulierungen für Ihre Präsentation zerbrechen, müssen wir ein paar ganz banale Dinge klären. Denn wie erfolgreich Sie sein werden, hängt wesentlich davon ab, ob Ihr Auftritt exakt auf die Rahmenbedingungen zugeschnitten ist.

## Beispiel

 Stellen Sie sich vor, Sie würden von einem Unternehmen um einen Vortrag über das Management von morgen gebeten. Sie bereiten eine 10minütige Präsentation vor und ernten bei den Führungskräften der Firma großen Erfolg. Noch während diese applaudieren, stürzt der für die Organisation zuständige Mitarbeiter auf Sie zu: Ihr Vortrag sei der einzige, erklärt er zitternd. Man habe eine einstündige Rede erwartet! Womit man denn jetzt die restliche Zeit füllen solle?

Für unliebsame Überraschungen sorgt häufig auch Unkenntnis über die technische Ausstattung. Vielleicht lebt Ihre Rede von einer beeindruckenden PowerPoint-Präsentation? Dann werden Sie ziemlich verzweifelt sein, wenn Sie erfahren, dass es gar keinen Beamer gibt.

Recherchieren Sie immer erst den Anlass Ihrer Rede, wer Ihnen zuhört und wo Sie auftreten. Vor allem wenn Ihnen improvisieren wenig liegt und Sie zu Lampenfieber neigen, ist das beruhigende Gefühl, alles bedacht zu haben, besonders wichtig.

Gehen Sie die folgende Checkliste durch, um sich über die Rahmenbedingungen Ihrer Präsentation klar zu werden. Manche Fragen können Sie sicher sofort beantworten. Um die restlichen zu klären, sollten Sie sich frühzeitig mit der Person in Verbindung setzen, die für die Organisation verantwortlich ist. Bei ihr können Sie auch Wünsche loswerden, falls Sie welche haben.

## Checkliste: Rahmenbedingungen

| | | ✓ |
|---|---|---|
| **Redeanlass** | Warum findet die Veranstaltung/ Vorführung statt? Welches Ziel verfolgen die Veranstalter? | |
| **Art der Veranstaltung** | Handelt es sich um eine Tagung, ein Verkaufsgespräch, eine Schulung etc.? | |
| **Atmosphäre** | Ist der Rahmen formell, feierlich oder eher zwanglos, locker? | |
| **Ihre Präsentation** | Sind Sie einer von vielen Rednern oder der Hauptredner? Welchen Stellenwert hat Ihr Thema? | |
| | Wie lange ist Ihre Redezeit? | |
| **Die Präsentationen** | Über was werden die anderen sprechen? | |
| | Gibt es Redner, die gegen Sie und Ihre Meinung antreten? | |

| | |
|---|---|
| **Der Ablauf** | Wie sieht das Programm aus? Vor oder nach welchen anderen Rednern treten Sie auf? |
| | Ist eine anschließende Diskussion/ Fragerunde geplant? |
| **Die Umgebung** | Werden Sie im Freien oder in einem Raum (Konferenzsaal, Turnhalle, Zelt etc.) sprechen? |
| | Wie sieht die technische Ausstattung aus? |
| | Wie ist der Raum aufgebaut, wo werden die Zuhörer sitzen/stehen, werden Sie vor dem Publikum, in seiner Mitte oder von einer Bühne aus sprechen? |
| **Das Publikum** | Was erwartet das Publikum von der Veranstaltung und von Ihnen? |
| | Wie viele Leute werden kommen? |
| | Ist es freiwillig da oder handelt es sich um eine Pflichtveranstaltung? |
| | Wie ist der Wissensstand im Hinblick auf Ihr Thema? |
| | Wie viele Vorträge hat das Publikum bereits gehört, wenn Sie auftreten? |
| | Werden Sie mit herein- oder heraus strömenden Zuhörern rechnen müssen (z. B. bei einer Messe-Vorführung)? |

# Welches Ziel haben Sie?

Jetzt wird es Zeit, sich über das Ziel Ihres Vortrages oder Ihrer Vorführung Gedanken zu machen. Nicht wenige Menschen sind so fasziniert von der Vorstellung vor anderen zu sprechen, dass sie den tosenden Beifall der Zuhörer oder ihren Neid als Ziel formulieren. „Mein Chef soll vor Bewunderung in die Knie sinken" ist aber keine Zielformulierung für Ihre Präsentation. Der bloße Wunsch nach Erfolg wird keinen Vorgesetzten ins Wanken, keinen Kunden zum Kauf Ihrer Produkte bringen.

Ihr Ziel könnte hingegen sein:

- andere von der eigenen Meinung überzeugen
- Wissen vermitteln
- Entscheidungshilfen anbieten
- Rechenschaft ablegen
- Interesse für ein neues Produkt wecken
- um Verständnis für unangenehme Entscheidungen werben

## Warum ist das Ziel so wichtig?

Es gibt das alte Sprichwort: Wer nicht weiß, wohin er will, wird auch nie ankommen. So dürfte es Ihnen mit einer Präsentation gehen, für die Sie kein Ziel formuliert haben. Nur wer sein Ziel kennt, kann seine Argumente, die Struktur der Präsentation darauf abstimmen. Sonst produzieren Sie viele Mosaiksteinchen, die nicht zusammenpassen, und der Zuhörer kann sich kein Bild machen von dem, was Sie sagen.

# Wie beuge ich falschen Zielen vor?

Manchmal können die Ziele jedoch falsch sein. Hier beugen Sie vor, indem Sie die Rahmenbedingungen genügend ausloten.

## Beispiel

Nehmen wir einmal an, Sie wären ein leidenschaftlicher Gegner von Tierversuchen und würden für alternative Möglichkeiten beim Test von Arzneimittelwirkstoffen kämpfen. Ein Pharma-Unternehmen lädt Sie ein, Ihre Position vorzutragen.

Auf dem Kongress treten Sie als erster Redner auf und stellen die alternativen Testmöglichkeiten vor. Anschließend betritt der zweite Redner das Podium. Etwas für Sie Unerwartetes geschieht: Er hat jedes einzelne Ihrer vorgestellten Verfahren berücksichtigt und belegt eindrucksvoll, dass manche Tests nur am lebenden Organismus möglich sind. Natürlich, Sie haben gewusst, dass Sie sich im Feindesland befinden. Sie haben aber nicht in Erfahrung gebracht, worüber die anderen Redner sprechen werden. Ihr Ziel hätte nicht lauten dürfen: „Ich stelle alternative Methoden vor", sondern: „Ich will meine Zuhörer von alternativen Methoden überzeugen".

Das Redeziel verliert man leicht aus den Augen. Schreiben Sie es deshalb auf! Wenn Sie dann später Ihre Präsentation ausformulieren, überprüfen Sie ständig, ob die Struktur und die Argumente die Zielformulierung unterstützen. Was nicht dazu passt, fällt weg!

# Material sammeln, auswählen und ordnen

Vielleicht haben Sie ein wenig Sorge, dass Sie für Ihr Thema nicht ausreichend Material finden. Dazu besteht aber kein Grund. Zum einen sind fachliche Dinge leicht zu recherchieren, zum anderen sind Sie selbst mit Ihren Lebenserfahrungen eine hervorragende Informationsquelle.

> Anschauliche, packende Präsentationen leben nicht nur von fachlichem Wissen, sondern auch von persönlichen Erfahrungen. Was Sie sagen, wirkt überzeugender, wenn Sie nicht nur als Spezialist, sondern als Mensch sprechen.

In den folgenden beiden Checklisten sind wesentliche Quellen aufgeführt, die Sie für Ihre Materialsuche nutzen können. Die eine enthält Hinweise, wie Sie Informationen zu Ihrem Fachgebiet erhalten, die andere gibt Ihnen Tipps, wie Sie Ihre Präsentation durch persönliche Erlebnisse interessanter und lebendiger gestalten können.

## Checkliste: Fachinformationen

| | ✓ |
|---|---|
| • Firmenarchiv: Was hält das eigene Unternehmen/der eigene Verband/die Organisation etc. zum Thema bereit? | |
| • Bibliotheken: Fachbücher, Nachschlagewerke | |
| • Tageszeitungen und Fachzeitschriften | |
| • Internet: Fachportale, Blogs, Nachrichten-Feeds usw. | |
| • Tipps von Arbeitskollegen | |
| • Kalender, Zitatensammlungen, Sprichwörter (manchmal findet man einen treffenden Spruch oder eine schöne Anekdote, die auflockernd wirkt) | |

## Checkliste: persönliche Erfahrungen

| | ✓ |
|---|---|
| • Eine ungewöhnliche Begegnung | |
| • Das Absurdeste, was Sie jemals erlebt haben | |
| • Geschichten aus der Schule und Ausbildungszeit | |
| • Einschneidende Ereignisse, die das Leben verändert haben (selbst erlebt oder von Freunden berichtet) | |
| • Der erste Tag in der neuen Firma | |
| • Die schlimmsten Marotten Ihres Chefs (natürlich nicht des aktuellen, der Ihnen gerade zuhört!) | |

- Träume

- Peinliche Begebenheiten im Beruf oder Privatleben

- Besonders aufregende Ereignisse auf Reisen, in exotischen Ländern

## Das Material auswählen

Jetzt haben Sie jede Menge Material zur Verfügung. Wie geht es weiter? Ganz einfach: Sie wählen diejenigen Informationen aus, die für Ihre Zielerreichung wichtig sind.

Bei der Auswahl fragen Sie sich:

- Welche **Inhalte**
- kann ich in der vorgegebenen **Redezeit**
- meiner **Zielgruppe** präsentieren
- um mein **Ziel** zu erreichen?

## Das Material ordnen

Im Folgenden stellen wir eine recht einfache Methode vor, das Material auszuwählen und zu ordnen. Dabei arbeiten Sie mit einer These, die im Laufe der Präsentation untermauert wird.

## Beispiel

 Sie sprechen vor einer Gruppe von Werbeleitern über das Thema „Neue Zielgruppen für die Waschmittelwerbung". Als Ziel haben Sie formuliert: „Ich will meine Zuhörer davon überzeugen, dass die Gruppe der 25- bis 40-jährigen Männer den Waschmittelabsatz steigern wird." Sie haben jede Menge Material gesammelt: Studien über die Waschgewohnheiten in Familien und männlichen Singlehaushalten, über die Häufigkeit des Wäschewaschens, die meistbenutzten Waschmittel, die Medien, über die die männliche Zielgruppe am besten zu erreichen ist, usw.

Sie ordnen Ihr Material, und zwar im Hinblick auf Ihre Zielformulierung. Dabei berücksichtigen Sie die Redezeit. Wir nehmen an, Sie hätten 15 Minuten, um Ihre Argumente zu entfalten. Dies könnte mit der Aufgabenstellung des Beispiels etwa folgendermaßen aussehen:

1 Sie starten mit Ihrer Ausgangsbehauptung:
 Männer sind eine neue wichtige Zielgruppe für Waschmittelwerbung.

2 Sie treten den Beweis an:
 Studien belegen, dass immer mehr Männer waschen und Waschmittel einkaufen. Sie müssen deshalb in der Werbung angesprochen werden.

3 Sie bieten Hintergrundinformationen:
 Die Waschgewohnheiten in Familien: Hier hat sich gezeigt, dass nicht mehr ausschließlich Mütter für die Wäsche verantwortlich sind, sondern auch jeder zweite Vater zweimal pro Woche wäscht, selbst Waschmittel einkauft und verschiedene Marken kennt. Studien haben außerdem

ergeben, dass die Zahl der männlichen Singlehaushalte wächst.

4 Sie erstellen Prognosen:
Sie zeigen auf, wie sich der Absatz von Waschmitteln bei Männern entwickeln könnte.

5 Sie stellen Maßnahmen vor:
Sie nennen abschließend Medien, über die Männer erreicht werden können, etwa TV, Männerzeitschriften etc.

# Wie Sie bei der Argumentation noch vorgehen können

Es gibt natürlich eine Vielzahl von weiteren Möglichkeiten, das Material anzuordnen. Sie werden erkennen, dass die folgenden Vorschläge dem Zuhörer eher „unter die Haut gehen", also eine emotionalere Ansprache ermöglichen.

Zum Beispiel schreiten Sie bei der Anordnung des Materials bzw. der Argumente

- vom Allgemeinen zum Besonderen
Sie schildern die Zerstörungskraft eines explodierenden Atomkraftwerkes und stellen den nüchternen Fakten anschließend das Schicksal eines verstrahlten Kindes gegenüber.

- von den Auswirkungen zu den Ursachen
Sie beginnen mit der erschreckenden Zahl der Drogentoten in Deutschland und gehen dann langsam über zu

den Themen Orientierungslosigkeit von Jugendlichen, Angst, zerrüttete Familien etc.

- vom Angenehmen zum Unangenehmen
Sie stellen z. B. mit bunten, ansprechenden Fotos die Kunst der Kosmetik dar und zeigen dann Bilder von Tieren, an denen Inhalts- und Wirkstoffe getestet wurden.

- von den Problemen zu den Lösungen
Sie schildern den schleppenden Verkauf eines neuen Produktes Ihrer Firma und entwerfen dann gezielte Marketingstrategien.

# Die richtige Dramaturgie

Vielleicht erinnern Sie sich noch an Ihren letzten Theaterbesuch. Das Stück – vorausgesetzt, es funktionierte nach dem klassischen Muster – hatte eine Dramaturgie, d. h. die Geschichte entwickelte sich zu einem Höhepunkt hin. Jede Szene baute auf die nächste auf. Als Zuschauer haben Sie diese Dramaturgie als spannend und packend erlebt.

Angewendet auf Ihre Präsentation bedeutet das: Ihre Zuhörer werden Ihnen nur dann mit Interesse folgen, wenn sie eine Dramaturgie erkennen und nachvollziehen können. Dafür müssen Sie alle Argumente bzw. Inhalte Ihres Vortrages auf das Ziel der Präsentation ausrichten und anordnen. Auf diese Weise gelangen Sie zu einer sinnvollen Gliederung.

Machen Sie eine Gegenprobe, um die Dichte Ihrer Gliederung zu überprüfen: Nehmen Sie einen Punkt heraus! Sollten Sie feststellen, dass das Argumentationsgebäude dann zusammenbricht bzw. nicht mehr plausibel ist, haben Sie alles richtig gemacht!

# Titel, die neugierig machen

Sollte es sich bei Ihrer Präsentation um einen Vortrag halten, dann ist bereits der Titel der erste wichtige Punkt für eine gute Dramaturgie. Auch wenn Sie ein Buch kaufen, schauen Sie zuerst auf den Titel: „Macht er mich neugierig? Klingt er interessant?"

Hier einige Tipps, wie Sie gute Titel für Ihre Präsentation finden:

- Nennen Sie eine Zahl: „Die fünf schlimmsten Präsentationskiller – Wie Sie Vorträge in den Sand setzen"

- Arbeiten Sie mit trendigen Sprichwörtern: „Ohne Moos nix los – Bürger in der Schuldenfalle"

- Stellen Sie eine Frage: „Geschieden – was nun?"

- Spielen Sie auf Lied-, Buch- oder Filmtitel an: „Jenseits von Techno – Musik und Jugendkultur"

- Verwenden Sie das Wörtchen wie: „Wie Sie im Handstreich Ihr Publikum gewinnen"

- Nutzen Sie gängige Formulierungen wie „Alles über ...", „Das Einmaleins der ...", „Worauf es beim ... ankommt" etc.

# Packende Einleitungen

Mit der Einleitung nehmen Sie Ihre Zuhörer gewissermaßen an die Leine. Haben Sie sie erst einmal dort, werden sie Ihnen überallhin folgen. Vorausgesetzt natürlich, Sie zerren sie nicht herum, sondern führen sie sanft. Dann kann das Gelände, sprich Ihr Anliegen, ruhig schwierig sein.

In der Einleitung kommt es deshalb darauf an, die Aufmerksamkeit und das Wohlwollen der Zuhörer zu gewinnen und zu erklären, was sie erwartet.

| Die Einleitung besteht aus folgenden Teilen: |
|---|
| ⬇ 1 Startsignal |
| ⬇ 2 Begrüßung |
| ⬇ 3 Vorstellung Ihrer Person und Ihrer Kompetenz auf dem betreffenden Gebiet |
| 4 Informationen über Ziele, Inhalte und Ablauf der Präsentation |

> Beachten Sie den Zeitrahmen: Sie sollten zwei, höchstens drei Sätze zu jedem Punkt Ihrer Einleitung sagen!

## 1 Das Startsignal

Vielleicht treten Sie auf einer Messe auf, wo es laut und turbulent zugeht. Aber selbst in einem Konferenzsaal ist es eine Herausforderung, die nötige Aufmerksamkeit zu gewinnen. Die Zuhörer sitzen meist plaudernd, Kaffee trinkend oder müde auf ihren Plätzen.

## Beispiel

 Sicher haben Sie selbst schon öfter den Start eines Vortrages verpasst. Während Sie sich mit dem Nachbarn über sein neues Handy unterhalten haben, schlich der Redner aufs Podium, hauchte ein paar Worte wie „Hallo, ich fange dann jetzt mal an" in das Mikrofon und verschwand noch einmal hinter die Bühne um fehlende Unterlagen zu holen. Erst als der Mann auf dem Podium die zweite Folie erläuterte, merkten Sie, dass der Vortrag schon voll im Gange war.

Der Moment ist gekommen, mit Ihrer Präsentation zu beginnen. Gehen Sie zügig zum Podium, heben Sie die Stimme, sprechen Sie langsam. Dann wird man Ihnen auch zuhören!

**Tipps für einen guten Start – Beispiele**
Sie haben viele Möglichkeiten, gelungen in Ihre Präsentation einzusteigen. Beginnen Sie etwa mit folgenden Einleitungen:

- ein Ereignis, das Sie am Tag Ihrer Rede erlebt haben und das zu Ihrem Thema passt
- ein treffendes Zitat oder Sprichwort
- eine rhetorische Frage
- ein Witz (Vorsicht: Wenn Sie noch nie gut Witze erzählen konnten oder nicht sicher sind, ob er wirklich ankommt, verzichten Sie besser darauf.)
- eine Geschichte, ein Märchen, eine Anekdote
- ein historisches Ereignis

• eine kleine Vorführung (ein Zaubertrick, eine chemische Reaktion etc.)

## 2 Begrüßung

Gerade bei festlichen Anlässen kommt es immer wieder vor, dass Sie viele Persönlichkeiten begrüßen müssen. Strapazieren Sie Ihr Publikum nicht! Wenn es wirklich unumgänglich ist, alle zu nennen, dann streuen Sie ein paar auflockernde Sätze oder kurze Geschichten ein!

## 3 Vorstellung Ihrer Person und Ihrer Kompetenzen

Nennen Sie laut und deutlich Ihren Namen, das Arbeitsgebiet und den Bereich, für den Sie verantwortlich sind. Auch die Firma ist wichtig, die Sie möglicherweise vertreten. Anschließend sprechen Sie kurz über Ihre Kompetenzen oder, falls nötig, Referenzen. Das Publikum möchte wissen, mit welchem Recht Sie über eine bestimmte Materie sprechen.

## 4 Informationen über die Ziele, Inhalte und den Ablauf der Präsentation

Die Zuhörer sind in einer Erwartungshaltung. Sie ahnen zwar, dass Sie aufpassen sollen – wie brave Schüler. Aber Sie wissen nicht, ob es sich lohnt. Also verraten Sie Ihnen, was Sie zu bieten haben! Beschreiben Sie das Ziel Ihrer Präsentation und welchen Weg Sie gehen werden um dieses Ziel zu erreichen.

Formulieren Sie die Einleitung immer aus! Glauben Sie nicht, dass Sie „die paar Worte für den Anfang" auch so finden werden. Hier gilt: Der erste

Eindruck ist entscheidend! Wer den Anfang vermasselt, wirkt unvorbereitet, inkompetent, unsicher und muss dann im Laufe des Vortrages beweisen, dass er mehr kann, als es scheint.

# Mit dem Hauptteil überzeugen

Jetzt kommen Sie zum Kern Ihrer Präsentation. Hier liefern Sie die wesentlichen Informationen, die Ihre Zuhörer zum Ziel führen sollen. Sie arbeiten hierbei auf zwei Wegen:

1 Logik
2 Emotionalität

Überall, wo Sie informieren und überzeugen wollen, setzen Sie logische Argumente ein – allerdings beschränken Sie sich nicht darauf. Denn das Publikum zu überzeugen gelingt leichter, wenn Sie auch auf der emotionalen Ebene zu ihm sprechen.

Wie gehen Sie im Einzelnen vor, wenn Sie den Hauptteil formulieren wollen?

1 Nehmen Sie sich Ihre Gliederung vor, und zwar die Punkte für den Hauptteil. Vergleichen Sie hierzu die Ausführungen auf Seite 20 f. Sie erinnern sich: Es ist wichtig, zwingend aufeinander aufbauende Argumente zu entfalten, um das Redeziel und das Verstehen der Zuhörer zu erreichen.

2 Legen Sie eine Tabelle an. Schreiben Sie auf die rechte Seite in logischer Reihenfolge alle Informationen und Argumente, die Sie zu Ihrem Ziel führen. Auf der linken Seite notieren Sie Begebenheiten, Storys, Vergleiche und Beispiele, Witze oder persönliche Erlebnisse, die Ihre Aussa-

gen lebendiger, emotionaler werden lassen. Anders gesagt:
Die rechte Seite ist die Kopfseite und enthält die Inhalte,
die den Kopf des Zuhörers ansprechen. Die linke Seite hingegen spricht das Herz an, das bekanntlich bei Überzeu-
gungsprozessen eine wichtige Rolle spielt.

3 Anschließend formulieren Sie die einzelnen Punkte in der
Reihenfolge, die Sie aufgestellt haben, aus.

## Tabelle Kopf- und Herzargumente

| | Herzseite – emotionale Ebene | Kopfseite – logische Ebene |
|---|---|---|
| a | | |
| b | | |
| c | | |
| d | | |
| e | | |
| f | | |
| | Ziel | |

## Kleine Übung zum Ausformulieren

Meinen Sie, es fehle Ihnen an Talent, Ihre Präsentation aus-zuformulieren? Dann probieren Sie folgende Übung aus.

### Übung

 Schalten Sie den Computer aus, legen Sie den Stift beiseite. Dann stellen Sie sich vor, Sie säßen mit einem guten Freund in einer Kneipe beim Bier. Der Freund will wissen, worüber Sie in Ihrer Präsentation sprechen werden. Erklären Sie es ihm. Aber denken Sie nicht darüber nach, was Sie sagen würden, sprechen Sie es laut aus! Und gerade so, wie Sie sprechen, so schreiben Sie es erst einmal auf. Sie können auch ein Diktiergerät zu Hilfe nehmen, wenn Sie dabei nicht schon das Gefühl haben, „ins Reine" reden zu müssen.

Mit diesem Trick, der Ihnen dabei hilft, sich einfach, natürlich und verständlich auszudrücken, sind Sie schon sehr weit. Feilen Sie noch ein wenig an dem Entwurf, ergänzen Sie ihn. Zeigen Sie ihn dann tatsächlich einem guten Freund, dem Partner oder Arbeitskollegen, um sich ein Urteil einzuholen.

# Überzeugen leicht gemacht

Jede Art von Präsentation will überzeugen. Zwar mag es sein, dass jemand sein Publikum eher informieren, ein anderer es unterhalten will. Aber auch hier leisten die Vortragenden Überzeugungsarbeit. Würden Sie etwa Informationen Glauben schenken, die nicht überzeugend präsentiert werden? Lachen Sie über jemanden, dessen Humor Sie abgeschmackt finden? Sie werden sehen: Wer eine Präsentation hält, will immer überzeugen, d. h. die anderen für sich, für die eigene Sicht der Dinge gewinnen.

Es gibt einige einfache Techniken, die Ihnen die Überzeugungsarbeit im Hauptteil Ihrer Präsentation erleichtern. Einige haben wir bereits dort vorgestellt, wo es um die Anordnung des Materials ging (s. S. 18 ff). Überzeugend wirken Sie darüber hinaus, wenn Sie die Ratschläge beherzigen, die wir Ihnen nun vorstellen.

## Verkaufen Sie dem Zuhörer Vorteile!

Der Vertreter für Staubsauger spricht nicht von den technischen Raffinessen seiner Geräte. Viel effektiver ist es, wenn er dem Kunden ausmalt, dass sein Teppich nach der Reinigung wie neu aussehen wird.

## Wecken Sie Ängste!

Schnellfahrern damit zu drohen, dass sie sich vielleicht schon bei ihrer nächsten Fahrt ins Jenseits befördern, hat bestimmt wenig Wirkung. Malen Sie aus, wie alleingelassen und traurig sich ihre Kinder fühlen werden.

## Decken Sie Ungereimtheiten auf!

Ein Redner, der Prophezeiungen für Scharlatanerie hält, erklärt seinem Publikum folgendes Phänomen:

Nostradamus hat von sich behauptet, die Zukunft voraussehen zu können. Seine Anhänger haben bei bestimmten Ereignissen jedoch immer nur erklärt, dass es sich um dieses oder jenes von Nostradamus vorausgesagte Ereignis handeln müsse. Noch niemals ist es ihnen allerdings gelungen, ein zukünftiges Ereignis tatsächlich zu prophezeien.

### Signalisieren Sie Verständnis!

Vielleicht haben Sie Ihren Zuhörern unangenehme Dinge zu sagen. Dann tun Sie das, doch fallen Sie nicht mit der Tür ins Haus! Gehen Sie erst einmal auf die Argumente, Werte und Meinungen Ihrer Zuhörer ein und demonstrieren Sie Verständnis. Sie sollten das Gefühl vermitteln: „Ich bin einer von euch. Wir unterscheiden uns nur in einer kleinen Sache ..."

### Arbeiten Sie mit dem schlechten Gewissen!

Was tun wir nicht alles um unser schlechtes Gewissen zu beruhigen! Die weihnachtlichen Spendenaufrufe haben deshalb so großen Erfolg.

### Reden Sie die Dinge schön!

Zwei aktuelle Beispiele: Aus Arbeitslosen sollen „neue Selbstständige" werden, und Personalabbau klingt weniger schön als Lean Management.

### Nehmen Sie gegnerische Argumente vorweg!

Es gibt kaum etwas Effektvolleres, als die Argumente des Gegners vorauszusehen und sie zu entkräften.

## Ende gut, alles gut

Jede Geschichte hat ein Ende. Auch Ihre Präsentation. Die Zuhörer erwarten, dass Sie Ihre Ausführungen ordentlich abschließen. Es ist wie bei einem guten Essen: Zu einem hervorragenden Menü gehört ein Dessert, dessen lieblicher Geschmack uns noch eine Weile auf der Zunge bleibt. Der

Schluss Ihrer Präsentation sollte ebenfalls so beschaffen sein, dass er unsere Sinne anspricht. „Ja, richtig, das wollen wir auch!" oder „Das leuchtet uns ein!" sind Reaktionen, die Ihr Schluss auslösen soll.

> Für den Schluss gilt dasselbe wie für die Einleitung: Fassen Sie sich kurz! Wer das Finale ankündigt, dann aber noch eine halbe Stunde weiterspricht, verärgert die Zuhörer.

## Wie präsentieren Sie einen guten Schluss?

1 Leiten Sie ihn ein, z. B. mit „Meine sehr verehrten Damen und Herren, ich komme damit zum Schluss ...".

2 Geben Sie eine kurze Zusammenfassung Ihrer Ergebnisse.

3 Nennen Sie noch einmal Ihr Ziel/Ihr Anliegen. Greifen Sie, wenn es das Thema hergibt, zu einem emotionalen Appell.

# Manuskript und Karteikarten

Machen wir uns nichts vor: Das Publikum bewundert Redner, die ihren Vortrag völlig frei halten. „Nein, das ist ja unglaublich! Wie schafft sie das bloß, so lange zu reden, ohne ein einziges Mal aus dem Konzept zu kommen?" Trösten Sie sich. Erstens sind solche Exemplare sehr selten. Zweitens können Sie sich immer sagen, dass die Leute nicht Ihr geniales Gedächtnis bestaunen, sondern Ihnen zuhören sollen. Und drittens: Auch viele Profis arbeiten mit einem Manuskript oder mit Karteikarten – aber dabei beherrschen sie eben die hohe Kunst, so abzulesen, dass es fast nicht auffällt.

## Auswendiglernen hat Nachteile!

Vielleicht haben Sie ehrgeizige Pläne und möchten Ihre Präsentation unbedingt auswendig halten. Dann sollten Sie jedoch die Nachteile bedenken. Beginnen Sie mit dem Auswendiglernen nur dann, wenn die folgenden Punkte Sie überhaupt nicht nachdenklich stimmen können.

- Eine auswendig gelernte Rede kann sehr steif wirken. Sie spulen schlimmstenfalls Satz für Satz ab. Sie sollten aber beim Sprechen immer auch den Inhalt eines Satzes „mitdenken"!

- Beim Auswendiglernen dienen uns bestimmte Wörter als Erinnerungshaken. Zum Beispiel wenn wir zu einem Thema überleiten wollen. Wir bauen uns dann mithilfe dieser Wörter Brücken. Vergisst ein Redner diese Signalwörter, dann fällt ihm unter Umständen der nächste Satz nicht mehr ein. Manche Redner werden nervös und bereuen, dass sie jetzt kein Stichwort parat haben, um schnell fortfahren zu können.

- Es kostet viel Zeit, sich eine Präsentation einzupauken. Haben Sie diese Zeit oder sind Sie nach der Arbeit viel zu müde und wollen eigentlich lieber ausspannen? Auswendiglernen kann man nur mit viel Konzentration und Ausdauer!

- Werden Sie beim Lernen zu Hause wirklich ungestört sein? Wenn Ihre kleine Tochter sich freut, Ihnen alle zehn Minuten ein neu gemaltes Bild zu zeigen, werden Sie ihr wohl kaum den Zutritt zu Ihrem Arbeitszimmer verwehren.

Es gibt nur zwei Teile Ihrer Präsentation, die Sie besser auswendig lernen: den Anfang und das Ende. Der Start hat großen Einfluss auf die Aufmerksamkeit der Zuhörer während der Präsentation. Auch der Schluss sollte souverän vorgetragen werden, denn er ist derjenige Teil des Vortrages, der noch eine Weile nachklingt. Wenn Sie dann im Mittelteil einmal einen Fehler machen, wird das Publikum Ihnen gerne verzeihen.

# Wozu ein Manuskript oder Karteikarten?

Es ist aus vielen Gründen sinnvoll, während einer Präsentation ein Manuskript oder Karteikarten parat zu haben. Damit ist keinesfalls gemeint, dass Sie die ganze Zeit auf Vorformuliertes starren sollen. Im Gegenteil, das geschriebene Wort hilft Ihnen, sich während des Sprechens sicherer und somit freier zu fühlen. Bevor wir uns mit den Vorteilen und der Erstellung von Manuskripten und Karteikarten im Einzelnen befassen, hier die wesentlichen Vorteile:

- Je umfangreicher Ihre Präsentation oder Ihr Vortrag geraten ist, desto besser ist eine schriftliche Stütze. Wer ein ganzes Wochenende eine Führungscrew darin schult, Mitarbeiter zu motivieren, kann nicht immer gleichmäßig konzentriert sein. Dann sind Erinnerungshilfen wertvoll.

- Gerade wenn Sie Bilder oder Diagramme erläutern müssen, ist schriftliches Material zu empfehlen. Wo immer es um Zahlen und Fakten geht, sollte man nicht ins

Schwimmen geraten. Eine Tabelle, die nicht korrekt gelesen oder stockend interpretiert wird, wirkt unglaubwürdig. Anstatt Ihre Aussagen zu untermauern, erreichen Sie genau das Gegenteil: Das Publikum nimmt an, dass die Zahlen nicht eindeutig oder sogar falsch sind und Sie bestimmte Aussagen manipulieren wollen.

- Notizen erinnern Sie nicht nur an das, was Sie sagen wollen. Sie erinnern Sie auch an wichtige Aktionen, an die Sie während des Sprechens denken müssen. Zum Beispiel werden Sie daran erinnert, bereits während einer bestimmten Erläuterung ein kleines Anschauungsmodell im Publikum zu verteilen oder das Licht auszuschalten, weil Sie in wenigen Sekunden mit der Beamer-Präsentation starten. Diese kleinen Stichworte tragen entscheidend dazu bei, die Rede in Fluss zu halten. Unangenehme Pausen entstehen erst gar nicht. Die Zuhörer werden denken: „Toll, das klappt ja wie am Schnürchen! Der macht das richtig professionell."

## Wie sollte ein Redemanuskript aussehen?

Alles schön und gut, werden Sie denken. Aber wie sieht ein gutes Redemanuskript überhaupt aus? Hier eine Reihe von Tipps, die Sie beachten sollten:

- Schreiben Sie auf DIN A4-Blätter. Lassen Sie rechts einen etwa 3 cm breiten Rand. Links steht Ihr Text, am Rand notieren Sie technische oder andere Dinge, die Sie während Ihrer Präsentation nicht vergessen dürfen („Regieanweisungen").

## Beispiel für ein Redemanuskript mit Regieanweisungen

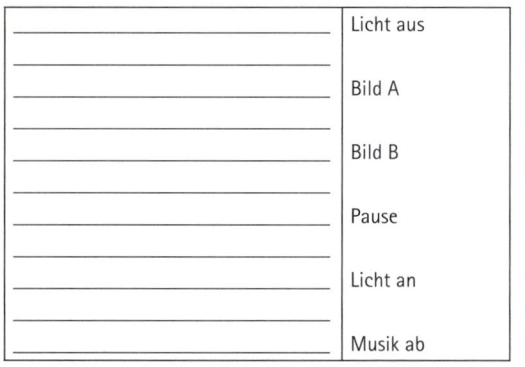

| | Licht aus |
|---|---|
| | Bild A |
| | Bild B |
| | Pause |
| | Licht an |
| | Musik ab |

Solche Regieanweisungen sind vor allem wichtig, wenn Sie nicht selbst für die Technik oder die Requisiten zuständig sind: Geben Sie daher dem dafür Verantwortlichen Ihr Manuskript; er weiß dann, auf welches Stichwort hin beispielsweise ein Bild gezeigt oder ein Film eingespielt werden muss.

Sie können auch choreographische oder stimmtechnische Dinge aufnehmen. Zum Beispiel: Pausen setzen, nach vorn zum Publikum treten usw. Doch solche Regieanweisungen sollten nicht dazu führen, dass Ihre Körpersprache „gelernt" wirkt (vergleichen Sie dazu auch den Abschnitt „Körpersprache gekonnt einsetzen", Seite 44 ff.).

- Schreiben Sie ausreichend groß. Bedenken Sie, dass Ihr Manuskript höchstwahrscheinlich auf einem Rednerpult liegt. Lesen Sie etwas ab, sollten Sie Ihren Kopf nur leicht nach unten neigen müssen. Eine zu kleine Schrift verleitet Sie dazu, mit dem halben Oberkörper auf Tauchstation zu gehen. Erstens sieht das nicht gerade elegant aus, und zweitens verlieren Sie den Blickkontakt zu Ihrem Publikum. Ein Tipp für Brillenträger: Ständiges Auf- und Absetzen der Brille könnte dem Publikum auf die Nerven gehen. Es beschäftigt sich mehr mit der Brille als mit Ihrer Rede, nach dem Motto: „Jetzt müsste er das Ding doch gleich wieder absetzen. Na also ..." Wählen Sie die richtige Schriftgröße, dann haben Sie keine Probleme.

- Wählen Sie den doppelten Zeilenabstand. Hier gilt dasselbe wie für die Schriftgröße: Alles sollte so übersichtlich wie möglich gestaltet sein. Für Absätze darf der Abstand noch größer sein. Beschreiben Sie nur drei Viertel der Seite, sonst neigen Sie beim Lesen den Kopf zu weit nach unten.

- Zerreißen Sie keine Sätze und Gedanken. Das bedeutet: Sie führen einen Gedanken, den Sie auf einer Seite entwickeln, auch auf dieser Seite zu Ende. Ebenso gehen Sie bei Sätzen vor: Zerstückeln Sie Ihre Aussagen nicht, nur weil Sie das Ende der Seite erreicht haben. Es entstehen sonst hässliche Unterbrechungen, wenn Sie umblättern.

- Unterstreichen Sie Wörter, die Sie betonen wollen. Ihr Redemanuskript ist mehr als eine Seite mit vielen Buchstaben. Es ist die Partitur, die Sie zum Klingen bringen müssen. Markieren Sie mit einem Schrägstrich die Stellen, an denen Sie eine Pause machen möchten. Aber übertreiben Sie es auch nicht mit Anmerkungen und Hervorhebungen, sonst verlieren Sie den Überblick.

- Versehen Sie das Manuskript mit Seitenzahlen. Ersparen Sie sich die Panikattacke, wenn Ihnen auf dem Weg zum Podium alles herunterfällt.

- Klammern Sie die Seiten nicht an der Längsseite zusammen. Pressen Sie sie auch nicht in einen Schnellhefter, denn diese neigen dazu, sich in der Mitte zusammenzuziehen. Während Ihres Vortrages könnten Sie sonst alle Hände voll zu tun haben, den Hefter auseinanderzudrücken, um das Manuskript lesen zu können. Gesten sind dann nicht mehr möglich. Außerdem verursacht Ihr Kampf mit dem Schnellhefter permanent Geräusche. Am besten heften Sie die Seiten gar nicht zusammen. Die fertigen Seiten legen Sie – ohne sie umzublättern – einfach zur Seite.

## Wie arbeitet man mit dem Redemanuskript?

Wer mit einem ausformulierten Vortrag arbeitet, neigt natürlich zum Ablesen. Kommt dann noch eine Portion Lampenfieber dazu, klammert sich so mancher Redner an sein Manuskript wie der Nichtschwimmer an einen Rettungsring. Dabei müssen Sie gar keine Angst haben: Das Manuskript läuft Ihnen nicht weg, Sie können gar nicht untergehen. Schauen Sie ruhig hinein, lesen Sie daraus vor. Sie müssen dabei nur eines beachten: Wirken Sie die ganze Zeit über so, als würden Sie gar nicht ablesen. Wie Sie das schaffen? Hier ein paar Tricks:

- Bereiten Sie sich auf den Vortrag sorgfältig vor, indem Sie Ihr Manuskript wieder und wieder laut lesen. Je häufiger Sie es lesen, desto vertrauter werden Ihnen die Inhalte und desto freier wirkt später Ihre Präsentation. Sie wissen dann, was nach einem bestimmten Satz oder einem bestimmten Abschnitt kommt, und werden an Ihrem großen Tag viel souveräner auftreten können.

- Lernen Sie von den Nachrichtensprechern im Fernsehen. Sie machen, sobald ein Themenwechsel ansteht, eine längere Pause, in der sie länger in die Kamera schauen, z. B. vor dem Satz: „Und nun das Wetter." Probieren Sie diese Technik an Ihrem Manuskript aus!

- Manuskripte pflegen auf einem Rednerpult zu liegen. Falls es keines gibt, ist das natürlich nicht gerade angenehm für Sie. Für diesen Fall gilt es, den ersten Tipp zu beachten: Je besser Sie Ihr Manuskript kennen, desto leichter wird es Ihnen fallen, es locker in den Händen zu halten. Zu häufiges Ablesen ist unbedingt zu vermeiden, weil Sie dann jedesmal die Arme hochnehmen müssen. So zeigen Sie nur allzu deutlich, dass Sie ablesen.

# Von vielen bevorzugt: Karteikarten

Karteikarten sind sicher die elegantere Lösung, wenn Sie
nicht auswendig vortragen wollen. Sie haben kleine, handli-
che Karten in der Hand, die Sie an die wichtigsten Punkte
Ihrer Präsentation erinnern, und sind dennoch frei genug,
jederzeit die Hände bzw. Arme für ausdrucksstarke Gesten zu
nutzen. Talkmaster wie Frank Plasberg sind wahre Könner auf
diesem Gebiet. Sie plaudern fröhlich und locker drauflos, aber
wenn es um Fakten, Daten und Fragen geht, vertrauen Sie
lieber auf das richtige Stichwort und werfen rasch einen
Blick in die Kärtchen.

# Wie erstelle ich Karteikarten?

### Die Stichwörter

Karteikarten enthalten in der Regel nur Stichwörter oder
auch einmal ein paar Sätze. Aber eben nicht den kompletten
Vortrag, sonst müssten Sie wahrscheinlich mit einem großen
Koffer auftreten. Die Kunst besteht gerade darin, ein Wortge-
rüst zu entwickeln, an dem Sie sich während Ihrer Präsentation entlangarbeiten können. Hier ein paar Hinweise, wie Sie
Ihre Karteikarten am besten gestalten.

### Karten mithilfe der Gliederung erstellen

1 Nehmen Sie sich Ihre Gliederung mit den Unterpunkten
   vor. Notieren Sie diese wichtigen Punkte oder Wörter Ihrer
   Gliederung auf Karteikarten. Legen Sie diesen kleinen Sta-
   pel zur Seite.

2 Halten Sie Ihren Vortrag laut. Sind Sie irgendwo hängengeblieben? Wo wäre es gut, eine weitere Karteikarte einzusetzen? An der Stelle, an der Sie die Anekdote erzählen wollen? Dort, wo Sie die Tabelle erklären? Dann beschriften Sie eine weitere Karte, und fügen Sie sie hinzu.

### Karten mithilfe des Manuskripts erstellen

1 Lesen Sie das Manuskript schrittweise durch, und machen Sie hinter jedem inhaltlichen Sinnabschnitt einen dicken Strich. Unterstreichen Sie das in diesem Abschnitt wichtigste Wort oder den wichtigsten Satz.

2 Notieren Sie diese Signalwörter oder Signalsätze auf die Karteikarten.

3 Halten Sie den Vortrag laut. Falls nötig, fügen Sie weitere Karteikarten hinzu.

# Wie sollten Stichwörter und Sätze beschaffen sein?

Vielleicht fragen Sie sich, wie umfangreich, wie ausführlich Ihre Notizen sein sollen. Jeder hat da so seine Methode; probieren Sie aus, welche Ihnen am meisten liegt. Hier drei Vorschläge:

### Die Signalwort-Methode

Sie schreiben dabei nur die zentralen Wörter auf. Der Nachteil ist, dass Ihnen dann vielleicht der Kontext, in dem diese Wörter stehen, nicht mehr einfällt.

## Die Schlüsselsatz-Methode

Hier notieren Sie den kompletten zentralen Satz eines Sinnabschnittes. Das hat zwar den Vorteil, dass Sie gleich im Thema sind. Aber Sie sind natürlich gezwungen, länger auf die Karte zu schauen.

## Die Kombination von Signalwort- und Schlüsselsatz-Methode

Eine Kombination beider Methoden ist vielleicht am sinnvollsten. Sie könnten zum Beispiel den Anfang eines Sinnabschnittes mit dem zentralen Satz beginnen und mit den Signalwörtern fortfahren. Sie haben dann immer elegante Überleitungen und behelfen sich, sobald Sie im Thema Fuß gefasst haben, mit den Signalwörtern.

# Wie sollten Karteikarten aussehen?

Auch hier richtet sich natürlich vieles nach Ihrem Geschmack. Ob Sie quadratische oder rechteckige, gelbe oder rosafarbige Karten wählen: Hauptsache, Sie fühlen sich wohl damit. Es gilt lediglich einige Grundregeln zu beachten:

- Nummerieren Sie alle Karten durch für den Fall, dass Sie Ihnen vor oder während des Vortrages hinunterfallen.

- Ihre Sätze und Wörter sollten so konkret wie möglich sein. Ein Wort wie „Verfahren" sagt Ihnen vielleicht nichts mehr, wenn Sie mitten im Vortrag stecken und Lampenfieber haben. Hingegen hilft Ihnen das Stichwort „Verfahren für die Aufbereitung von Faserpflanzen" schnell weiter.

- Achten Sie auf gute Lesbarkeit. Sie sollten die Karten nicht direkt vor Ihre Nase halten müssen.

## Wie arbeite ich mit Karteikarten?

- Proben Sie den Ernstfall. Hier gilt dasselbe wie für das Manuskript: Je vertrauter Sie mit Ihren Stichwörtern sind, desto souveräner wird Ihr Auftritt sein.

- Nummerieren Sie alle Karten durch.

- Nehmen Sie die Karten locker in die Hand. Spielen Sie nicht damit herum. Sie könnten nervös wirken oder – was sicher schlimmer ist – die Karten könnten hinunterfallen.

- Lernen Sie von den Talkmastern und Moderatoren im Fernsehen: Sie werfen einen kurzen Blick in die Karten und schauen dann während des Sprechens sofort wieder das Publikum an.

- Bei Zitaten, sehr kurzen Anekdoten oder zur Erläuterung von Tabellen oder Schaubildern ist ein längerer Blick in die Kärtchen erlaubt. Sie wollen schließlich präzise sein. Gerade der Erfolg von Zitaten oder Witzen ist bei einer allzu freien Wiedergabe gefährdet, man muss sofort zum Punkt kommen.

- Legen Sie die Karten, die Sie nicht mehr benötigen, weg. Fallen Ihnen beispielsweise in der zweiten Hälfte Ihrer Präsentation die Karten zu Boden, müssen Sie nur diejenigen sortieren, die Sie noch benötigen.

# Übung macht den Meister

## Wozu üben?

Darauf gibt es eine einfache Antwort: Weil sonst Ihre Präsentation zur Übungsstunde wird. Das Publikum amüsiert sich gerne einmal über einen Versprecher. Aber falls Sie bei Ihrem Vortrag auf eine gute Dramaturgie, technische Effekte oder gekonnt erzählte Storys setzen und dann das Manuskript durcheinandergerät, die Folienreihenfolge nicht stimmt oder Ihnen die Pointen in der Aufregung entfallen sind – wird man Sie bedauern.

Daher sollten Sie sich vor Ihrer Präsentation nicht nur

- gut vorbereiten,
- mit dem Ablauf und
- den Medien vertraut machen,

sondern sich auch Techniken aneignen, die Ihnen helfen, Ihren Vortrag sicher zu halten.

Ein beeindruckender Auftritt lebt von dem harmonischen Zusammenspiel von

– Worten,
– Körpersprache,
– Ausstrahlung.

In diesem Kapitel erlernen Sie die Techniken, die Ihnen helfen, sich und Ihre Botschaften zu verkaufen. Eines ist sicher:

Was Sie mitzuteilen haben kommt wesentlich besser an, wenn auch Sie gut ankommen.

Wie wichtig diese Seiten Ihrer Präsentation sind, zeigt das folgende kleine Horroszenario. Sollten Sie nach der Lektüre Lampenfieber verspüren, verzweifeln Sie nicht! Es gibt ein Kapitel darüber, das Ihnen die Angst bestimmt wieder nehmen wird (s. S. 53 ff.).

### Beispiel: Wie eine Präsentation nicht ablaufen sollte

20 Führungskräfte aus dem mittleren Management eines Großkonzerns blicken gespannt zum Podium. Während der Veranstalter vollmundig den nächsten Redner, Herrn Müller, ankündigt, schleppt sich ein gebeugtes Männchen langsam zum Rednerpult. Offenbar Herr Müller. Sein Blick ist auf das Präsentationsmanuskript geheftet, das er zu einer Rolle zusammengedreht hat. Wie einen Knüppel hält er es in den Händen. Mit den Füßen auf- und abfedernd wartet er darauf, dass der Veranstalter endlich die Ankündigung beendet.

Als es soweit ist, klopft Herr Müller gegen das Mikrophon, dass dem Publikum die Ohren nur so klingeln. Bei der Begrüßung ertönt zum ersten Mal aus den hinteren Reihen: „Lauter! Wir kriegen nichts mit!" Anstatt lauter zu sprechen, konzentriert sich Herr Müller darauf, sein Redemanuskript glatt zu streichen.

Während des Vortrages schaut er einmal verstohlen zu seinem Publikum auf. Seine Arme hat er vor der Brust verschränkt, weil sie dort nicht so stark zittern. Er gibt die Hände nur frei, wenn er die nächste Seite des Manuskripts umblättern muss. Als er die zweite Folie erklären will, gerät er mehrfach ins Stocken. Die unangenehmen Pausen überspielt er durch ständiges Räuspern ...

Sie können sich denken, wie erfolgreich Herr Müller war. Sie möchten es anders machen? Dann wenden wir uns dem ersten wichtigen Punkt zu: Ihrer Körpersprache.

## Körpersprache gekonnt einsetzen

Ihre Redeinhalte können noch so wichtig und brillant formuliert sein – wenn Mimik, Gestik, Körperhaltung und auch die Kleidung etwas ganz anderes sagen, ist der Zuhörer abgelenkt. Die zerzausten Haare eines Redners, sein ständiges Armrudern oder ein offener Reißverschluss beanspruchen unsere Aufmerksamkeit so sehr, dass wir den Ausführungen nur eingeschränkt folgen können.

Körpersprache sollte das Publikum bzw. den Zuhörer aber nicht verwirren. Gekonnt eingesetzt,

- unterstreicht sie Aussagen und
- drückt Ihre Wertschätzung gegenüber dem Publikum aus.

> Machen Sie sich eines klar: Bereits in den ersten Sekunden Ihres Auftritts entscheidet das Publikum darüber, ob es Sie sympathisch und kompetent findet oder ablehnt. Nicht was, sondern wie Sie etwas sagen, ist wesentlich! Es ist schwer, diesen ersten Eindruck später zu korrigieren.

Wenn Sie die folgenden Tipps beachten, können Sie sich durch Körpersprache das Wohlwollen und die Aufmerksamkeit des Publikums bzw. Ihres Gegenübers sichern.

## Welche Körperhaltung nehme ich ein?

- Die äußere Haltung hat viel mit Ihrer inneren Haltung zu tun. Wie steht wohl jemand, der selbstbewusst, offen, aufrichtig ist? Natürlich gerade. Vielleicht neigen Sie zu einer gebeugten Haltung, weil Sie als Kind schon ein Riese waren? Dann stellen Sie sich vor, an Ihrem Kopf wäre ein Faden befestigt, der zur Decke führt und Ihren Körper aufrichtet. Dabei sollten Sie jedoch weder ins Hohlkreuz fallen und die Brust herausdrücken noch das Kinn nach oben recken.

- Stellen Sie die Beine locker und etwa in Breite der Schultern nebeneinander. Kneifen Sie sie nicht zusammen wie ein braver Konfirmand. Vermeiden Sie aber auch die breitbeinige Haltung eines Westernhelden. Schließlich wollen Sie Ihr Publikum nicht abschießen.

- Wippen und schaukeln Sie nicht mit dem Oberkörper. Manche Redner sehen so aus, als übten sie Hula-Hoop. Steif wie ein Stock sollten Sie natürlich auch nicht dastehen.

## Wohin mit den Händen?

- Bringen Sie die Hände in eine gute Ausgangsposition, in die sie nach einer Geste wieder zurückkehren können. Die Arme sind gestreckt, die Hände liegen locker ineinander. Aber nicht zum Gebet falten!

- Falls es Ihnen schwerfällt, die Hände freizulassen: Manche Redner legen sie an die Seiten des Rednerpults. Testen Sie Ihre Wirkung im Spiegel. Verkrampft oder bedrohlich – einige Politiker strecken dabei die Arme durch – sollten Sie dabei nicht aussehen. Wenn Sie ohne Pult auskommen müssen, halten Sie Ihr Redemanuskript oder die Karteikarten locker in der Hand.

- Nicht die Arme hinter dem Rücken verschränken! Sie sind weder schüchtern, noch haben Sie etwas zu verbergen.

## Wohin mit dem Blick?

- Schauen Sie ins Publikum. Aber nicht wie ein Schauspieler, der dort einen „toten Punkt" fixiert. Nehmen Sie hingegen Blickkontakt zu einzelnen Zuhörern auf, und zwar nicht nur zu dem gutaussehenden Menschen in der ersten Reihe!

- Auch wenn Sie etwas ablesen müssen, schauen Sie immer wieder von Ihrem Blatt auf.

## Was ist bei Gesten zu beachten?

- Immer die gleichen Gesten wirken einfallslos, langweilig oder sogar nervtötend.

- Schauen Sie Ihr Manuskript durch. Sie finden hier Formulierungen, bei denen Sie Gesten einsetzen können. Z. B. demonstrieren Sie an den Fingern die Punkte „erstens, zweitens, drittens...", öffnen die Arme, wenn es um etwas Großes, Ungeheuerliches geht etc.

- Probieren Sie Gesten aus. Fühlen Sie sich gut dabei? Gehört die Geste zu Ihnen? Oder meinen Sie, eine andere würde natürlicher wirken?

- Testen Sie die verschiedensten Gesten, aber studieren Sie sie nicht ein. Am besten kommen Sie rüber, wenn Sie spontan wirken – und sich nicht wie ein dressierter Hund bewegen.

Auch Ihre Kleidung und die Accessoires sind wichtig! Für Damen wie für Herren gilt: Nichts sollte die Aufmerksamkeit von Ihrer Rede abziehen. Ein bisschen konservativer ist immer besser als zu modisch. Dezente Farben sind vorzuziehen. Tragen Sie keine klimpernden Ketten oder Armbänder!

# Wie finde ich die richtigen Worte?

Wir können an dieser Stelle nicht ausführlich auf alle rhetorischen Kniffe eingehen. Doch gibt es einige einfache Tricks, mit denen Sie Ihre Rede auf Hochglanz bringen. Wenn Sie diese richtig einsetzen, werden Sie

- ausdrucksstark,
- sicher
- und verständlich sprechen.

Hinweis: Zur Ergänzung der untenstehenden Tipps sollten Sie einen Blick in den *TaschenGuide Rhetorik* werfen.

### Wie spreche ich ausdrucksstark?

- Arbeiten Sie, wo immer möglich, mit Verben („Tun-Wörter"). Es klingt hölzern, wenn Sie sagen: „Wir müssen die Beendigung der Fehlerproduktion sicherstellen." Viel lebendiger drücken Sie sich aus mit: „Wir müssen endlich aufhören Fehler zu produzieren!"

- Überspitzen Sie die Dinge: „Der betreffende Mitarbeiter war so fleißig, dass er sogar in der Mittagspause mit seinen Kollegen schwatzte."

- Machen Sie Pausen. Haben Sie beispielsweise gerade ein beeindruckendes Untersuchungsergebnis vorgestellt, halten Sie kurz inne, um es „wirken" zu lassen.

- Arbeiten Sie mit Alliterationen, also aufeinanderfolgenden Wörtern, die mit demselben Laut beginnen: „Brot statt Böller, mit Mann und Maus ..."

- Setzen Sie Metaphern ein. Das sind Wörter, die eine neue Bedeutung bekommen, indem sie in einen anderen Zusammenhang gestellt werden: „Jedes Unternehmen erlebt stürmische Zeiten. Dann braucht es den erfahrenen Steuermann, um nicht unterzugehen."

- Stellen Sie rhetorische Fragen. Das Publikum antwortet in Gedanken auf sie – und zwar in Ihrem Sinne: „Verstehen wir soziale Verantwortung denn richtig, wenn der Shareholder Value wichtiger ist als Menschen in Lohn und Brot?" oder „Ist uns das Gefühl, zu schnell aufgegeben zu haben, wirklich so fremd?"

- Sagen Sie nicht „ich", sondern „wir kommen zum nächsten Beispiel ..." usw. Die Wir-Form verbindet!

- Wiederholen Sie Aussagen oder Wörter, um ihnen Nachdruck zu verleihen: „Ich sage es einmal und nur einmal, meine verehrten Damen und Herren ..."

- Bringen Sie kurze Zitate, die Ihre Aussagen stützen. Wiederholen Sie das Zitat, damit es die Zuhörer „verdauen". Aus Ihrer Rede sollte aber keine Zitatensammlung werden!

## Wie spreche ich sicher?

- Üben Sie Ihre Rede von Anfang bis Ende und nehmen Sie sich dabei auf. Hören Sie die Aufzeichnung ab. Haben Sie häufig „äh" gesagt, bei Unsicherheiten gehustet oder nach jedem Sinnabschnitt zu Verlegenheitsfloskeln gegriffen wie „Ja, dann wollen wir mal fortfahren"? Tauchen andere Wörter immer wieder auf, und mussten Sie mehrere Anläufe nehmen, um Sachverhalte zu erklären? Machen Sie sich alle Fehler bewusst und nehmen Sie Ihre Rede so lange auf, bis Sie mit dem Ergebnis zufrieden sind.

- Berücksichtigen Sie in Ihrer Probe auch die Medien. Häufig werden sie vergessen, nach dem Motto: „Ich habe ja die Stichpunkte auf der Leinwand." Doch alles anschaulich zu erklären erfordert Übung. Ideal wäre, wenn Sie in dem Raum üben könnten, in dem Sie Ihre Präsentation halten. Dort herrschen dann auch die richtigen technischen Rahmenbedingungen.

- Stoppen Sie die Zeit. Ein Veranstalter, der Ihnen plötzlich eine Uhr vor die Nase hält, kann Sie ganz schön aus der Fassung bringen.

- Bitten Sie Freunde, Arbeitskollegen oder den Partner, Ihre Rede anzuhören und zu beurteilen. Fragen Sie, was Sie besser machen können.

## Wie spreche ich verständlich?

- Verzichten Sie auf Fachwörter. Das heißt nicht, dass man auf einem Ärztekongress keine Fachbegriffe für Krankheiten verwenden soll. Aber wo es nicht um berufsbedingtes Fachchinesisch geht, ist eine einfache, allgemeinverständliche Sprache zu bevorzugen.

- Beachten Sie die Lautstärke. In großen Räumen sprechen Sie mit mehr Resonanz, in kleinen Räumen in normaler Gesprächslautstärke.

- Sprechen Sie deutlich, verschlucken Sie die Endungen nicht. Auch der gesprochene Dialekt sollte noch verständlich sein.

- Bilden Sie kurze Sätze, wo immer es geht. Das gesprochene Wort wirkt so lebendiger und wird besser behalten.

## Mit Humor ankommen

Mit Humor ist hier nicht einfach das Witze erzählen gemeint. Es gibt Leute, die Witze erzählen, ohne einen Funken Humor zu haben. Humor ist vielmehr eine bestimmte Haltung, die sich durch die Fähigkeit zur Selbstkritik und Distanzierung auszeichnet. Ein Redner, der sich nicht zu ernst nimmt, wirkt souverän und sympathisch. Sein feiner Humor, der zum Schmunzeln einlädt, bleibt im Publikum nicht ohne Wirkung, auch die Zuhörer entwickeln Distanz zu sich und den Dingen. Humor ist daher bestens geeignet um

- Spannungen abzubauen,

- bei unüberwindlich scheinenden Konflikten zu vermitteln,

- Aussagen Nachdruck zu verleihen,
- das Wohlwollen des Publikums zu gewinnen und
- ihm Gedanken, Schlagwörter oder Appelle einzuprägen.

Doch wie präsentiert man etwas humorvoll? Vielleicht behaupten Sie von sich, dass Sie nie ein besonders witziger Typ gewesen sind. Möglicherweise gehören Sie zu den Leuten, die eine Anekdote erzählen und als einzige darüber lachen? Macht nichts. Humorvoll sind Sie nicht dann, wenn sich das Publikum auf die Schenkel klopft. Das wäre auch gar nicht zu wünschen, Sie treten schließlich nicht als Büttenredner auf. Humorvoll sind Sie, wenn Sie Ihrem Publikum ein kleines Lächeln, ein leichtes Schmunzeln entlocken. Das wird Ihnen auch dann gelingen, wenn Sie kein Scherzbold sind.

### Hier einige Kunstgriffe

- Bringen Sie ein humorvolles Zitat.

  Es gibt Zitatensammlungen, die auf besonders raffinierte, witzige Zitate spezialisiert sind, wie z. B. das folgende von Woody Allen: „Es gibt Dinge, die erlebt man nur einmal im Leben. Den Tod und den Orgasmus." (Es ist nur ein Beispiel, Sie müssen dieses Zitat nicht verwenden!)

- Erzählen Sie einen witzigen Filmausschnitt, der zu Ihrem Thema passt.

## Beispiel

Sie sind der Ansicht, dass sich Frauen ein selbstgemachtes Schönheitsideal auferlegt haben, das sie nur einengt. Bevor Sie dies thematisieren, erzählen Sie eine Filmszene aus dem Kinohit Tootsy. Dustin Hofmann spielt darin einen Schauspieler, der nie Erfolg hat. Überall, wo er vorspricht, heißt es: „Danke, wir haben genug gesehen. Sie können gehen." Eines Tages erfährt er, dass für eine Arzt-Serie im Fernsehen eine Schauspielerin gesucht wird. Er schlüpft in Frauenkleider, spricht vor und bekommt die Rolle. Gleich am darauffolgenden Tag klappert er alle möglichen Boutiquen und Kosmetiksalons ab, um sich Frauenkleider, Schminke und Dessous zu besorgen. Als er am Abend erschöpft nach Hause zurückkehrt, sagt er zu einem Freund: „Ich möchte wissen, wie eine Frau sich schön machen soll, ohne zu verhungern!"

- Arbeiten Sie mit humorvollen Storys. Sie finden viele in den vermischten Meldungen Ihrer Tageszeitung.

## Beispiel

Vielleicht sprechen Sie gerade über Firmen, die außergewöhnliche Dienstleistungen anbieten. Zum Beispiel berichten Sie über eine Agentur, die Handy-Besitzer anruft. Der Zweck ist, den Angerufenen sehr beschäftigt aussehen zu lassen. Dazu passt eine hübsche Geschichte, die die Süddeutsche Zeitung brachte: Ein Mann suchte sein Handy. Er kämmte die ganze Wohnung durch, konnte es aber nicht finden. Plötzlich kam ihm eine Idee. Über Telefon wählte er die Handy-Nummer. Es klingelte. Er ging ins Nachbarzimmer, wo das Klingeln herkam, und musste zu seinem Schreck feststellen, dass es aus seinem Hund kam. Sein Liebling hatte das Ding aufgefressen! Wenn Ihnen etwas ähnliches passiert, können Sie sich zwar nicht mehr als gefragter Geschäftsmann präsentieren, dafür wissen Sie aber bei jedem Anruf, wo Ihr Hund steckt.

- Erinnern Sie sich an komische oder absurde Texte, die Ihnen im Alltag begegnen. Amtsstuben sind ein Ort, an dem man häufig fündig wird. Hier kleben Mitarbeiter spitzfindige Bürosprüche an die Wand. Oder schauen Sie sich auf Damen- oder Herrentoiletten nach ein wenig WC-Poesie um. (Freilich ohne in Ihrer Präsentation schlüpfrig zu werden!) Auch die Schilder an Gartenzäunen sind gelegentlich für einen Gag gut.

- Setzen Sie Werbesprüche ein und bringen Sie sie mit Ihrem Thema in Verbindung. Es gibt immer einige aktuelle Werbespots oder -anzeigen, die jeder kennt.

**Beispiel**

 Inzwischen ist der bekannte Spruch aus einer Bierwerbung „Nicht immer, aber immer öfter" ein alter Hut. Angenommen, Sie hätten vor einiger Zeit über dringend notwendige Reformen in der Verwaltung gesprochen und die Arbeitsmoral der Beamten aufs Korn genommen, dann wäre folgender Spruch gerade richtig gewesen: „Beamte arbeiten viel. Nicht immer, aber immer öfter."

- Halten Sie nach dem nächsten knalligen Slogan Ausschau. Er kommt bestimmt!

# Keine Angst vor Lampenfieber!

Die meisten Menschen kennen Lampenfieber. Ist das nicht schon ein bisschen beruhigend? Falls Sie nicht zu den wenigen Exemplaren gehören, die dieses leichte, anregende Kribbeln im Bauch geradezu lieben, sind Sie in diesem Kapitel genau richtig. Vielleicht sterben Sie vor Angst, Ihre Finger sind schweißnass und kalt, die Stimme beschlagen und Sie fürchten zwei Dinge:

- die ganze Sache zu vermasseln
- und sich vor dem Publikum zu blamieren.

Wie gesagt: Mit diesen Reaktionsweisen stehen Sie nicht alleine da. Sie sind völlig normal. Und damit wir uns in diesem Kapitel nicht missverstehen: Es ist wie mit dem bettnässenden Mann, der eine Psychoanalyse machte. Als sein Analytiker nach mehreren Sitzungen fragte: „Na, wie geht es Ihnen inzwischen?", antwortete er: „Hervorragend. Es passiert mir immer noch, aber ich mache mir nichts mehr daraus!" So sollten Sie es auch mit Ihrem Lampenfieber nehmen. Ihre Anspannung ist sogar notwendig, wenn Sie eine gute Präsentation hinlegen wollen. Würde sie fehlen, wären Sie zu selbstsicher. Und wer sich zu sicher fühlt, macht bekanntlich Fehler.

### Tipps gegen Lampenfieber

Es gibt ein paar einfache Tricks, die Ihnen helfen, Ihre Ängste in den Griff zu bekommen.

- Bereiten Sie Ihre Rede sehr gut vor! Die Vorbereitung nimmt Ihnen einen Großteil der Angst, die sich daraus speist, dass Sie irgendwelche unvorhersehbaren Katastrophen befürchten.
- Sorgen Sie für gute Startbedingungen. Also: Schauen Sie sich den Raum, in dem Sie sprechen werden, einige Tage vorher an. Führen Sie einen Probelauf durch, um die Laut-

stärke zu testen. Klären Sie die technische Ausstattung. Fahren Sie am Tag Ihrer Präsentation rechtzeitig von zu Hause los.

- Zu je mehr Lampenfieber Sie neigen, desto genauer formulieren Sie Ihre Präsentation aus. Arbeiten Sie statt mit Stichwörtern mit ganzen Sätzen – natürlich ohne sie später abzulesen. Es ist einfach beruhigend zu wissen: Falls ich stocke, habe ich mein ausformuliertes Manuskript.

- Machen Sie entspannende Atemübungen. Das Gute daran ist, dass Sie sie unmittelbar vor Ihrem Auftritt einsetzen können und niemand etwas davon merkt. Eine bewährte Technik: Sie atmen langsam ein und zählen dabei bis vier. Dann halten Sie die Luft kurz an und atmen aus. Sie werden sehen – beim Ausatmen entkrampfen Sie sich und werden locker.

- Reisen Sie in Gedanken zum Mond. Diese Übung hilft Ihnen, die ganze Sache nicht mehr so ernst zu nehmen: Schließen Sie die Augen. Sie sehen sich selbst, wie Sie ängstlich auf Ihrem Platz sitzen (oder wo Sie auch immer gerade zittern). Stellen Sie sich vor, Sie könnten fliegen und würden sich aus der Vogelperspektive dort sitzen sehen. Sie fliegen immer weiter, Sie sehen von oben das Gebäude, in dem Sie sich befinden, dann die Stadt, das Land, den Kontinent, schließlich die Erde. Wie klein ist plötzlich alles! Wie unbedeutend! Öffnen Sie langsam wieder die Augen. Atmen Sie tief durch.

- Stellen Sie sich vor, was Sie nach Ihrer Präsentation tun werden: Sie klappen Ihr Manuskript zu. Sie holen sich ein paar leckere Schnittchen und einen Kaffee am Buffet. Ein Zuhörer kommt auf Sie zu, um sich mit Ihnen über Ihre interessante Rede zu unterhalten ...

Ein tröstender Satz zum Schluss: Wenn Sie glauben, die Angst stehe Ihnen im Gesicht geschrieben, liegen Sie falsch. Die Erfahrung zeigt, dass die Zuhörer Lampenfieber in der Regel nicht bemerken!

# Wie Sie die Sinne ansprechen

Eine Präsentation, die ohne jede visuelle Gestaltung auskommt, ist heute die absolute Ausnahme. Textlayout, Bilder und weiteres Anschauungsmaterial unterstützen das gesprochene Wort, wenn sie richtig eingesetzt werden.

In diesem Kapitel erfahren Sie

- wie Sie bei der inhaltlichen und formalen Visualisierung vorgehen (S. 58),
- was beim Einsatz von Diagrammen, Tabellen und Bildern zu beachten ist (S. 61),
- in welcher Form sich Modelle und Produkte einsetzen lassen (S. 67) und
- welches die wichtigsten Medien für Präsentationen sind (S. 69).

# Visualisierungen – worauf kommt es an?

Ist Ihnen aufgefallen, dass heute die banalsten Dinge auf PowerPoint-Folien gebannt oder Flipcharts notiert werden? Zum Leidwesen der Zuhörer lesen die Vortragenden dann entweder Wort für Wort ab oder sagen gar nichts dazu. Viele meinen, wenn Schaubilder oder PowerPoint mit Multimedia-Elementen verwendet werden, spreche das für höchste Professionalität. Doch in Wirklichkeit sollen sie oft von dürftigen Inhalten ablenken oder sind schlecht aufbereitet und damit wertlos.

**Machen Sie sich klar, dass Visualisierungen helfen sollen,**

- komplexe Inhalte verständlicher zu machen,
- die wichtigsten Aussagen hervorzuheben,
- den Erklärungsaufwand zu verkürzen,
- bestimmte Aussagen im Gedächtnis des Publikums zu verankern,
- Zusammenhänge zu verdeutlichen.

Glauben Sie nicht, um jeden Preis mit optischen Hilfsmitteln arbeiten zu müssen. Wenn Sie das Gefühl haben, Sie müssten Schaubilder oder Tabellen „an den Haaren herbeiziehen", dann verzichten Sie darauf! Es wird Ihrer Präsentation nur guttun.

# So gestalten Sie Ihre Visualisierung wirkungsvoll

Natürlich ist es nicht nur wichtig, dass Ihre optischen Hilfsmittel wirklich aussagekräftig sind und die oben aufgeführten Kriterien erfüllen. Viele Fehler werden auch bei der Gestaltung gemacht. Beugen Sie vor, indem Sie die folgende Checkliste durchgehen. Sie enthält die wichtigsten Punkte für die inhaltliche und formale Gestaltung Ihrer Visualisierung.

## Checkliste: Visualisierung – inhaltliche und formale Gestaltung

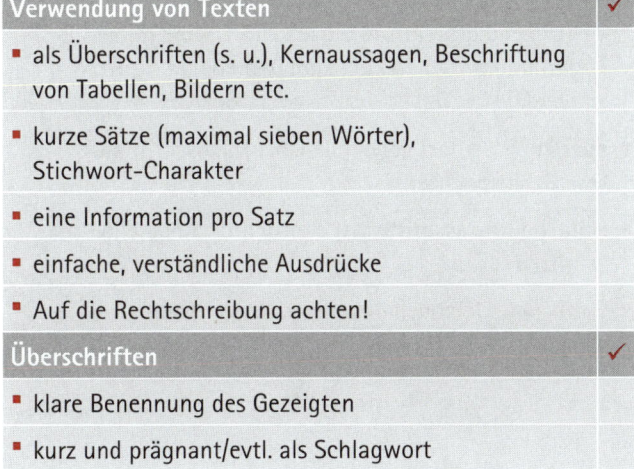

| Verwendung von Texten | ✓ |
|---|---|
| ▪ als Überschriften (s. u.), Kernaussagen, Beschriftung von Tabellen, Bildern etc. | |
| ▪ kurze Sätze (maximal sieben Wörter), Stichwort-Charakter | |
| ▪ eine Information pro Satz | |
| ▪ einfache, verständliche Ausdrücke | |
| ▪ Auf die Rechtschreibung achten! | |
| Überschriften | ✓ |
| ▪ klare Benennung des Gezeigten | |
| ▪ kurz und prägnant/evtl. als Schlagwort | |

## Farben　✓

- maximal drei Farben pro Visualisierung (zusätzlich schwarz und weiß)

- Vorsicht bei zu hellen Farben! (aus der Entfernung schlecht erkennbar)

- Schrift schwarz oder dunkelblau

- inhaltlich Verschiedenartiges in mehreren Farben, Gleichartiges in einer Farbe darstellen

- einheitliche Farbbenutzung (nicht bei jeder Folie eine andere Farbgebung einsetzen)

## Schrift　✓

- ausreichend groß (bis in die letzte Sitzreihe lesbar, Entfernung zwischen Publikum und Podium recherchieren)

- nur eine Schriftart verwenden, bei Handschrift auf Leserlichkeit achten

- einfache Druckschrift statt exotische, schnörkelige Schriften

- Groß- und Kleinbuchstaben anstatt nur Großbuchstaben

| Layout | ✓ |
|---|---|

- einheitlich für alle Visualisierungen (wenn es dazu Regeln z. B. seitens Ihrer Firma gibt, müssen Sie diese berücksichtigen)

- die wichtigsten Aussagen in die Mitte einer Folie, eines Schaubildes etc. platzieren

- bekannte Symbole und Zeichen verwenden (unbekannte müssten Sie erst erklären, was Zeit kostet)

- übersichtlich bleiben, „weniger ist mehr"

# Grafische Schaubilder, Tabellen und Bilder

Sie haben verschiedene Möglichkeiten, Ihre Informationen oder Gedanken zu visualisieren. Welche Sie wählen, hängt von der Art Ihrer Informationen ab. Erfahrungsgemäß arbeiten die meisten Präsentationen mit Schaubildern, Tabellen und Bildern, Karikaturen oder Zeichnungen bzw. einer Kombination verschiedener Mittel.

## Grafische Schaubilder (Diagramme)

Möchten Sie Zahlen oder Organisationsstrukturen anschaulich darstellen, dann erstellen Sie Schaubilder (Diagramme). Hier die gebräuchlichsten Diagramm-Arten und wofür sie sich eignen.

## Übersicht Diagramme

| Diagramm | mögliche Inhalte |
|---|---|
| Stabdiagramm | vergleichende Darstellungen (z. B. Stückzahlen in der Produktion, einmal mithilfe der neuen Maschine, einmal ohne) |
| Liniendiagramm | Veränderungen/Entwicklungen innerhalb eines bestimmten Zeitabschnitts (z. B. Krankenstand, Aktienkurse etc.) |
| Tortendiagramm | Prozentuale Verteilungen (z. B. Ihre Ausgaben: 10 % für Lebensmittel, 25 % für Kleidung etc.) |
| Organisationsdiagramm | Organisationsstrukturen, Hierarchieebenen (z. B. ein Großkonzern und seine Gesellschaften, die Hierarchieebenen in einer Firma etc.) |

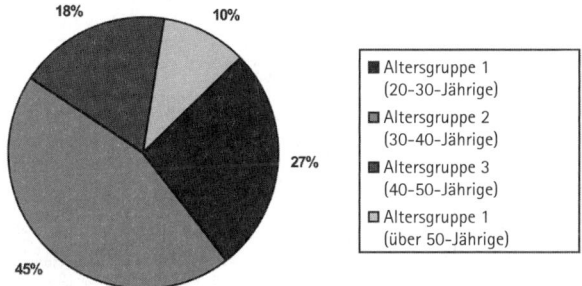

Das Tortendiagramm ist ein gutes Präsentationsmittel um z. B. Prozentzahlen darzustellen.

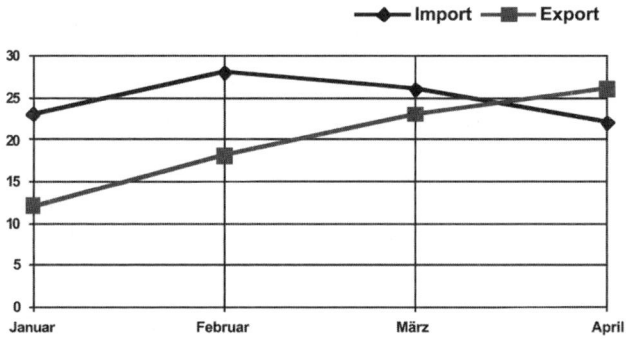

Das Liniendiagramm eignet sich besonders für die Darstellung einer Entwicklung.

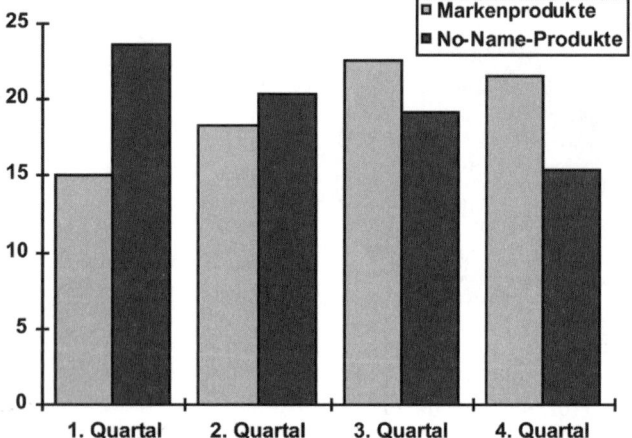

Das Säulen- oder Stabdiagramm verschafft auf einen Blick Informationen.

### Was müssen Sie bei Schaubildern beachten?

- Verzichten Sie nach Möglichkeit auf dreidimensionale Darstellungen (wählen Sie z. B. statt des Säulendiagramms das Stabdiagramm). Zweidimensionale Grafiken sind übersichtlicher.

- Führen Sie eine Kontrolle durch! Es kommt immer wieder vor, dass das Verhältnis von Zahlen und grafischen Darstellungen nicht stimmt. Aufmerksame Zuhörer werden unangenehme Fragen stellen, die Sie vielleicht aus dem Konzept bringen und inkompetent wirken lassen.

- Verwenden Sie nur gerundete Zahlen!

- Überfrachten Sie Diagramme nicht. Erstellen Sie lieber zwei, wenn die Informationen und Zahlen zu umfangreich sind.

- Beachten Sie alle bereits aufgeführten Regeln zu Schrift, Farbe und Textumfang!

# Tabellen

Tabellen verwenden Sie, wenn Zahlen in einer Reihenfolge dargestellt und hierdurch Abläufe oder Veränderungen aufgezeigt werden sollen.

**Beispiel: Stückzahlen Brötchen, Brot, Kuchen (in 1000)**

|  | Brötchen | Brot | Kuchen |
|---|---|---|---|
| 2005 | 4 | 2 | 1 |
| 2006 | 5 | 3 | 1 |
| 2007 | 3 | 4 | 2 |
| 2008 | 3 | 2 | 1 |

## Was müssen Sie bei Tabellen beachten?

- Beschränken Sie sich auf wenige (drei bis fünf) Spalten und Zeilen. Der Betrachter hat sonst Probleme die Informationen zu erfassen!

- Legen Sie für Zahlen und Abkürzungen eine Legende an.

- Achten Sie bei der Tabellenmarkierung auf dicke Linien. Dünne sind auf die Entfernung schlecht zu erkennen.

# Bilder

Bilder – das können Fotos, Fotomontagen, Zeichnungen oder Karikaturen sein – eignen sich insbesondere dazu, beim Betrachter Emotionen hervorzurufen oder Denkanstöße zu geben. Bilder wirken gerade in sachorientierten Präsentationen auflockernd und anregend. Außerdem erhöhen Bilder die Merkfähigkeit beim Zuhörer.

**Beispiel**

Eine Rednerin spricht über Entwicklungshilfe. In sachlichem Ton präsentiert sie Projekte, die sie gemeinsam mit einem Team in Ghana betreut hat. Sie hat noch ein besonderes Anliegen: Für den Bau eines Krankenhauses benötigt sie Spenden. Zum Schluss des Vortrages zeigt sie eine Zeichnung des geplanten Baus und schildert anhand einiger Fotos, die kranke Menschen zeigen, die unzureichende medizinische Versorgung. Die Bilder sprechen eine eindeutige Sprache: „Helft uns, damit wir wieder gesund werden!"

## Was müssen Sie bei Bildern beachten?

- Setzen Sie sie wohldosiert ein. Die Aufmerksamkeit der Zuhörer lässt sich nicht unentwegt auf Hochtouren halten.

- Missbrauchen Sie Bilder nicht dazu, die Präsentation zu strecken!

- Wählen Sie einfache Bilder oder Symbole. Die Betrachter sollten die von Ihnen beabsichtigte Wirkung nach wenigen Sekunden verstanden haben.

- Achten Sie auf Qualität. Konturen und Farben müssen gut erkennbar sein.

# Modelle und Produkte zum Anfassen

Sie sind vor allem in Verkaufspräsentationen wichtig: Dinge, die man anfassen, schmecken oder riechen kann. Ein Kunde oder ganz einfach unser Zuhörer lässt sich wesentlich leichter zu etwas bewegen oder von etwas begeistern, wenn wir ihm einen sinnlichen Eindruck ermöglichen.

## Beispiel

 Zum Beispiel bei Haustürgeschäften und Produktvorführungen wird dieser Trick gerne eingesetzt. Ehe sich unsere Großmutter versieht, hat sie die Heizdecke in der Hand und ist davon überzeugt, dass sie nie wieder frieren wird.

Auch bei Vorträgen entfalten Produkte und Modelle ihre Wirkung. Sie veranschaulichen komplexe Inhalte, unterstreichen Aussagen oder sind einfach ein netter Gag, der auflockert.

## Was müssen Sie bei Modellen und Produkten beachten?

- Auch hier gilt: Weniger ist mehr.
- Achten Sie darauf, dass sie funktionieren. Sollte es Pannen geben, halten Sie sich nicht damit auf.
- Falls Sie mit Requisiten arbeiten, die die Zuhörer verwenden sollen (Brille, Stock, Perücke etc.), machen Sie es vor. Wenn Sie nur darum bitten, wird es niemand tun!

- Modelle und Produkte vorzuführen ist zwar effektvoll, auf Dauer aber ermüdend. Verweilen Sie also nicht zu lange bei einer Vorführung oder Mitmach-Aktion, sonst kommt Langeweile auf.

## Wie Sie Video einsetzen können

Die meisten Präsentationen arbeiten nicht mit Filmen, wenngleich sich dies angesichts der verlockenden Möglichkeiten von Multimedia anbietet (siehe das Kapitel „Effekte mit Multimedia", S. 73). Ein Film hat sicher seine Wirkung, und das ist auch gleichzeitig das Problem. Denn leicht überschattet er das gesprochene Wort. Ist die Videovorführung zu Ende, geht das Licht wieder an, verschwinden die bunten Bilder, wird das Publikum wieder in die nüchterne Realität eines Konferenzraumes zurückgeholt. Dennoch: Kurze Filme, gut in die Präsentation integriert, können Ihrem Auftritt zu mehr Glanz verhelfen.

Da das Abspielen von Filmen wegen Copyrights nicht ohne weiteres möglich ist (siehe auch hierzu das Kapitel „Effekte mit Multimedia", Seite 73), hier ein paar Themenvorschläge für eigenproduzierte Videos:

- Meinungsumfragen, z. B. mit Testpersonen, Mitarbeitern, dem Chef, Passanten etc.
- Empfehlungen durch Geschäftspartner oder Kunden
- Landschaften, Stimmungen

# Die wichtigsten Medien für Präsentationen

Sie haben verschiedene Möglichkeiten kennengelernt, Ihre Präsentation zu einem sinnlichen Erlebnis werden zu lassen. Kommen wir nun zu den wichtigsten Medien und den Kriterien, nach denen Sie diese für Ihre Präsentation auswählen.

## Das Flipchart

Es handelt sich um eine Art Tafel von etwa 70 x 100 cm, allerdings schreiben Sie mit dicken Filzschreibern auf Papier. Die einzelnen Seiten lassen sich wie bei einem Notizblock vor- und zurückblättern.

### Leistungen

- für Präsentationen bis ca. 30 Teilnehmer
- besonders geeignet um Kernaussagen, Schlagwörter, Zahlen, Organisationsstrukturen und spontane Beiträge der Teilnehmer bei Workshops festzuhalten
- Ausführungen durch Vor- und Zurückblättern einfach aktualisierbar

### Tipps für den Einsatz

- Leserliche Handschrift ist unbedingt notwendig!
- Stichpunkte, kurze Sätze
- empfehlenswerte Farben: rot, schwarz, blau und grün

- Bleistiftnotizen am Blattrand als Gedächtnisstütze für Sie (sind vom Publikum nicht erkennbar)

# PowerPoint

Das Präsentationsprogramm PowerPoint ist mittlerweile sehr beliebt. Es besteht aus einer Art Baukastensystem, das Schriftarten, Bilder, Töne und Effekte bereithält, die Sie auswählen und miteinander verbinden können. Während des Vortrags sitzen Sie an Ihrem Notebook und navigieren bequem per Mausklick durch Ihre Präsentation. Die einzelnen Folien werden per Beamer an die Wand projiziert (siehe auch S. 73 „Effekte mit Multimedia").

## Die Vorteile

- sehr ansprechende und professionell wirkende Gestaltung
- bunte Bilder, Grafiken, Töne und Effekte steigern die Aufmerksamkeit
- freies Hin- und Herspringen per Mausklick
- Präsentation kann ins Internet gestellt werden

## So setzen Sie PowerPoint geschickt ein

- Setzen Sie optische und akustische Effekte sparsam ein. Wenn unentwegt Buchstaben über die Folie fliegen, Bilder sich drehen oder Musik ertönt, schaltet das Publikum ab.
- Überladen Sie die Folien nicht. Übersichtlichkeit erleichtert den Zuhörern die Orientierung und das Verstehen.

- Kalkulieren Sie den Ausfall der Technik ein. Wenn der Beamer oder Ihr Notebook plötzlich den Geist aufgibt, sollten Sie wissen, wie Sie fortfahren.

- Es empfiehlt sich in jedem Fall, Ausdrucke der Präsentation bereitzuhalten. Diese lassen sich auch mit einem Rand gestalten, auf dem die Zuhörer Platz für eigene Notizen zu einzelnen Folien haben.

Hinweis: Wie Sie mit Ihrer PowerPoint-Präsentation das Interesse des Publikums gezielt ansprechen und die Aufmerksamkeit auf das lenken, was Ihnen wichtig ist, zeigt der TaschenGuide „Präsentieren mit PowerPoint Trainer" in 38 praxisnahen Übungen.

# Beamer für Bild- und Videoprojektion

## Bildprojektion

Bilder können zwar beeindruckend sein, doch birgt eine längere Vorführung auch Gefahren. Der abgedunkelte Raum macht müde, das Publikum schaut sich zwar die Bilder an, schweift in Gedanken aber ab. Wichtig ist deshalb vor allem, nie zu viele Bilder hintereinander zu zeigen. Schließlich soll es auch keine dieser endlosen Urlaubsbilder-Shows werden, wie wir sie von unseren guten Freunden kennen.

## Leistungen

- für Präsentationen mit kleinem und großem Publikum
- fast alles ist darstellbar: Fotos, Zeichnungen, Diagramme etc.

- das Medium entspricht unseren Sehgewohnheiten (TV und Kino), daher gute Akzeptanz beim Publikum

**Tipps für den Einsatz**

- Nur wenige, aber aussagekräftige Bilder zeigen!

- Auf die Dramaturgie achten! Geht es gerade um ein Bild, nicht das Licht einschalten und auf etwas anderes hinweisen. Das zerstört die Spannung!

- Deutlich den Wechsel von Bildprojektion zur Weiterführung des Vortrages markieren. Licht einschalten, laut sprechen, nach vorn zum Publikum treten.

## Videoprojektion

Fernsehen und Kino sind bei den meisten Teilnehmern des Publikums beliebt. Deshalb werden sie auch in Ihrer Präsentation einen Film würdigen – vorausgesetzt, er wirkt professionell. Denn das ist die Crux: Das Medium verliert, wenn die Qualität zu stark von dem abweicht, was wir täglich zu sehen gewohnt sind.

**Leistungen**

- gut geeignet, um Verhaltensweisen, Meinungen, Entwicklungen aufzuzeigen

- besonders emotionale Ansprache, allerdings nur, wenn das Video professionell wirkt

**Tipps für den Einsatz**

- Recherchieren Sie die Kosten für einen Videofilm.

- Denken Sie darüber nach, ob Sie Hilfe von einem Fachmann in Anspruch nehmen wollen oder sich eine Eigenproduktion selbst zutrauen. Leider sind wir, was unsere Sehgewohnheiten betrifft, von TV und Kino sehr verwöhnt. Ein Video, das eher unprofessionell wirkt, hat es sicher schwer, Inhalte glaubwürdig zu vermitteln.

- Überprüfen Sie die Funktionstüchtigkeit des Notebooks bzw. des DVD-Spielers. Machen Sie sich mit der Bedienung vertraut. Letzteres mehrere Tage vor Ihrem Auftritt.

- Ein Film fordert die ganze Aufmerksamkeit. Markieren Sie daher das Ende deutlich durch eine kleine Pause oder eine etwas lautere Stimme, einen beschwingten Tonfall! Das bringt Ihr Publikum zurück in die Realität.

# Effekte mit Multimedia

Multimedia ist bei Präsentationen auf dem Vormarsch. Die Möglichkeiten sind verlockend: Sie können Texte, Bilder, Grafiken und Töne abspielen und müssen sich dabei nicht an eine bestimmte Reihenfolge halten. Mit der Maus klicken Sie einfach die Bilder, Texte oder Symbole an und rufen so die gewünschten Informationen auf. Das kann ein Interview mit dem Abteilungsleiter sein, ein kleiner Videofilm über Ihre Firma, eine Grafik mit den Umsatzzahlen des letzten Jahres. Sie navigieren frei durch Ihren Vortrag.

## Vorteile von Multimedia-Präsentationen

- Flexibilität während der Vorführung: Sollten Fragen aus dem Publikum kommen oder Sie plötzlich die Reihenfolge Ihrer Präsentation ändern wollen, können Sie Texte, Bilder, Grafiken, Töne und Geräusche einfach aufrufen bzw. überspringen.

- Sie sparen Zeit. Neue Bilder können Sie auch kurz vor Ihrem Auftritt noch einbauen.

- Sie erhöhen die Glaubwürdigkeit: Ein kurzer Videofilm, in dem zufriedene Kunden Lob und Anerkennung äußern, wirkt weit überzeugender als abgelesene Zitate.

Bei aller Faszination: Multimedia befreit Sie nicht von der sorgfältigen Vorbereitung einer Präsentation. Technische Effekte können über dürftige Inhalte oder einen stockenden Vortrag nicht hinwegtäuschen.

# Was brauchen Sie für die Erstellung einer Multimedia-Präsentation?

- Die richtige **Hardware:** Sie benötigen einen leistungsfähigen Rechner bzw. ein entsprechendes Notebook und einen Beamer. Lassen Sie sich von mehreren Händlern und einigen Ihrer Kunden oder Arbeitskollegen, die Multimedia einsetzen, beraten.

- **Eingabe-Geräte:** Sie müssen alle Materialien wie Fotos, Diagramme, Zeichnungen, aber auch akustisches Material in Ihren Computer bekommen. Entweder beauftragen Sie eine Grafikagentur oder Sie besorgen sich

  - einen **Scanner**, mit dem Sie Bildmaterial in Ihren Computer einspielen. Informieren Sie sich, welcher Scanner für Sie geeignet ist. Manche digitalisieren nur Dias. Mit anderen lassen sich auch Bilder auf Papier einscannen, von der Werbebroschüre über Zeitungsmotive bis hin zu Visitenkarten.

  - einen **DVD-Spieler**, der mit Ihrem Computer verbunden wird.

  - Sie können sich auch einen digitalen **Camcorder** anschaffen und mit dem Computer verbinden um Videos gleich in digitalisierter Form aufzunehmen. Mit einem an den Computer direkt angeschlossenen Mikrofon können Sie auch Interviews gleich in Digitalform bringen.

  - Auch Radio und CD-Spieler lassen sich mit dem Computer verbinden.

- **Software:** Lassen Sie sich über Grafikprogramme wie Paintbrush, Coreldraw sowie PowerPoint und Textverarbeitungsprogramme, die Multimedia weiterverarbeiten, beraten.

> Beachten Sie, dass Sie nicht ohne weiteres jeden veröffentlichten Text, jedes Bild, jeden Film für Ihre Präsentation „klauen" dürfen. Holen Sie sich die Genehmigung ein bzw. besorgen Sie sich speziell für die Weiterverarbeitung angebotenes Material. Zum Beispiel gibt es Videos und Bildbände, die Sie nach dem Kauf ausschlachten dürfen.

## Was ist bei der Erstellung und beim Halten der Multimedia-Präsentation zu beachten?

Im Grunde unterscheidet sich beides nicht von einem Vortrag, bei dem Sie mit anderen Medien arbeiten. Auch hier müssen Sie sich im ersten Schritt überlegen, welches Material Ihre Ausführungen unterstützt, und es auf Ihre Gliederung abstimmen. Bei einer Multimedia-Präsentation erstellen Sie ein Drehbuch, bei dem Sie alle Bildschirmseiten festhalten. Das Ganze sieht dann wie ein Stammbaum aus: Sie haben die Einstiegsseite, z. B. mit dem Organigramm Ihrer Firma. Von dort führen z. B. drei Links (Verbindungsknoten) zu weiteren Einspielungen. Also schreiben Sie auf, was Sie auf diesen drei Seiten zeigen möchten usw.

Beachten Sie darüber hinaus folgende Tipps:

- Üben Sie Ihre Multimedia-Präsentation ein. Sie müssen genau wissen, hinter welchem Link sich welche Einspielung verbirgt!

- Sorgen Sie dafür, dass Sie wie bei jeder anderen Präsentation, die z. B. mit Bildprojektion arbeitet, zurückspringen können. Manchmal kommen Fragen aus dem Publikum und Sie müssen wieder zur vorhergehenden Information.

- Rechnen Sie mit einer technischen Katastrophe. Das heißt: Wenn alles zusammenbricht – was bei Computern nicht selten der Fall ist –, dann müssen Sie Ihren Vortrag auch ohne Hightech-Feuerwerk halten können (s. S. 71).

- Bei der Gestaltung gilt: Halten Sie alles übersichtlich und knapp. Bei Texten auf die Rechtschreibung achten!

## Checkliste: Medienauswahl

Hier eine Liste mit Fragen, die Ihnen helfen werden, das für
Ihre Präsentation richtige Medium zu finden.

| Inhalte | Organisation | Persönliche Vorlieben und Fähigkeiten |
|---|---|---|
| Muss ich Zahlenmaterial veranschaulichen? (Tabellen, Diagramme) | Welche technischen Möglichkeiten bietet der Raum? | Bevorzuge ich einfach handhabbare Medien wie z. B. das Flipchart? |
| Möchte ich mein Publikum emotional ansprechen? (Bilder, Fotos, Zeichnungen, Karikaturen, Stimmungsfilme, Musik, Geräusche) | Wie viel Zeit steht für die Vorbereitung der Visualisierungen und die Beschaffung von Modellen oder Produkten zur Verfügung? | Möchte ich technisch aufwändigere Medien verwenden? Weiß ich sie zu bedienen? Habe und nehme ich mir die Zeit, um den Umgang mit dem Medium zu üben? |
| Könnten gefilmte Interviews oder andere Filmeinspielungen meine Ausführungen verdeutlichen? (Meinungen von Gesprächspartnern, Testpersonen, Kunden, Freunden etc.) | Was kostet mich bzw. die Firma die Erstellung der Medien? Wie sieht es mit Copyright aus? | Bei welchem Medium fällt es mir besonders leicht, souverän durch die Präsentation zu führen? |
| Könnten Requisiten, Modelle oder Produkte Einstellungen verändern oder gewünschte Handlungen auslösen? | Muss ich firmeninterne Gestaltungsvorgaben beachten? | Machen mich technische Pannen nervös? Bin ich darauf vorbereitet? Bewältige ich die Situation? |

# Präsentationen halten

Jetzt ist es soweit: Sie müssen Ihre Präsentation halten. Wenn Sie exzellent vorbereitet sind – und wie sollte das mit diesem Büchlein anders sein –, dann gibt es eigentlich nur noch wenige Dinge, die Sie während Ihres Auftrittes beachten müssen:

In diesem Kapitel erfahren Sie, wie Sie

- souverän auftreten (S. 80),
- mit Ihrem Publikum interagieren (S. 89) und
- Diskussions- und Fragerunden unbeschadet überstehen (S. 92).

# Sympathisch und kompetent auftreten

Erinnern Sie sich noch an den letzten Vortrag, bei dem Sie in der Rolle des Zuhörers waren? Wissen Sie noch, welcher der Redner Ihnen am kompetentesten und sympathischsten erschienen ist? Bestimmt haben Sie heimlich Noten verteilt: Der erste war zu langweilig, der zweite zu ängstlich, aber der Redner mit dem Thema „Nachwachsende Rohstoffe" kam einfach hervorragend an. Er hatte ein angenehmes Wesen, war qualifiziert und glaubwürdig.

Woran liegt es nur, dass bei manchen Vortragenden der Funke überspringt, andere dagegen blass erscheinen? Und ist es nicht merkwürdig, dass sich die Zuhörer oft darüber einig sind, wer gut ankommt und wer nicht? Eben noch herrschte Unruhe im Saal, doch kaum betritt ein charismatischer Mensch das Podium, kehrt Stille ein.

Die Frage ist sicher nicht leicht zu beantworten, warum manche der Liebling des Publikums sind, andere nicht. Doch Eigenschaften wie

- Persönlichkeit,
- Kompetenz,
- Präsenz,
- Aussehen und
- Hochachtung gegenüber dem Publikum

haben darauf einen nicht unerheblichen Einfluss. Selbst wenn Sie das Gefühl haben, kein besonders charismatischer Typ zu sein – Sie können dennoch gut ankommen, wenn Sie sich über Ihre Ausstrahlung, Ihre Fähigkeiten sowie Ihre Beziehung zum Publikum klar werden.

## Bin ich eine Persönlichkeit?

Wir können uns hier nicht fragen, was eine Persönlichkeit ist. Das überlassen wir besser Fachleuten. Wir überlegen aber einmal, warum wir während eines Vortrages das Gefühl hatten: hier spricht jemand mit Format, jemand mit Persönlichkeit. Die Erfahrung zeigt, dass es sich dabei häufig um Personen handelt, die einen Standpunkt vertreten. Nie ohne Rücksicht auf empfindliche Gemüter, aber immer geradeaus und offen. Solche Menschen nehmen auch sich selbst nicht zu ernst. Was für andere gilt, gilt auch für sie, wie das folgende Beispiel zeigt.

**Beispiel**

 Auf einer Tagung, auf der es um Reformen in der Verwaltung ging, waren mehrere Redner aus großen Unternehmen geladen. Sie sollten den Verwaltungsleuten einmal zeigen, was sie von knallharten Wirtschaftsleuten lernen können. Die Vorträge stellten aber keinerlei Bezug zur Verwaltung her, vielmehr hielt jeder Redner ein viel zu langes Referat über das phantastische Unternehmen, in dem er die Ehre hatte zu arbeiten. Richtig interessant wurde es erst, als der Professor einer Verwaltungsschule auftrat. Leidenschaftlich und engagiert forderte er eine Reform der Verwaltung und sparte dabei auch das Denken und den Arbeitsstil der Verwaltungsangestellten nicht aus. Der Mann hatte Elan und Biss! Dass er selbst ein Mann der Verwaltung war, machte seinen Vortrag noch glaubwürdiger.

Persönlichkeit kann man natürlich nicht lernen. Man hat sie oder man hat sie nicht. Aber selbst wenn Sie noch auf dem Weg zur persönlichen Reife sind – mit ein paar Tipps können Sie wie ein Mensch mit Format wirken. Und letztlich kommt es bei Präsentationen doch vor allem auf die Wirkung an.

- Seien Sie ehrlich. Das gilt für die Dinge, über die Sie sprechen, wie für Dinge, die Ihre eigene Person betreffen.

- Stellen Sie niemanden bloß, machen Sie sich nicht lustig, behandeln Sie Gegner fair. Bleiben Sie bei allen Konflikten auf der Sachebene.

- Nehmen Sie sich von Kritik nicht aus. Es steht niemandem gut, andere auf Fehler oder Versäumnisse hinzuweisen, sich selbst aber davon auszunehmen.

- Treten Sie stets gelassen und ruhig auf. Nervösen, fahrigen Menschen unterstellt man gerne Unsicherheit und Unreife.

## Welche Kompetenzen habe ich?

Ein Redner, der keine Kompetenz besitzt, hat in den Augen der Zuhörer schnell verspielt. Gerade bei einem Vortrag vor Fachleuten gehen Sie hoffnungslos unter, wenn Sie über Dinge reden, von denen Sie keine Ahnung haben. Es soll natürlich eine nicht geringe Anzahl von Leuten geben, die genau das tun und damit viel Geld verdienen. Aber das funktioniert eigentlich nur, wenn auch das Publikum von der Materie nichts versteht.

Sie haben aber ganz sicher Kompetenz. Sonst würden Sie schließlich nicht diese Präsentation halten. Haben Sie sich schon überlegt, woran Ihre Zuhörer erkennen werden, dass Sie kompetent sind? Richtig, Sie dürfen – in aller Bescheidenheit natürlich – durchaus darauf hinweisen, für dieses Thema prädestiniert zu sein.

Es gibt mehrere Punkte innerhalb Ihrer Präsentation, bei denen Sie dezent auf Ihre Kompetenzen aufmerksam machen können. So weisen Sie beispielsweise bei der Vorstellung von Projekten auf besondere Erfolge hin. Besonders geeignet ist jedoch der Anfang Ihrer Präsentation.

## Kompetent starten

Bevor Sie loslegen, stellen Sie immer Ihre Person und Ihr Arbeitsgebiet vor. Diese Situation sollten Sie dazu nutzen, sich als kompetenter und vertrauenswürdiger Redner zu präsentieren. Tragen Sie alle Qualifikationen zusammen, die für das Thema relevant sind, über das Sie sprechen werden. Dies sind vielleicht:

- langjährige Erfahrungen auf einem bestimmten Gebiet
- Publikationen in einschlägigen Verlagen, renommierten Fachzeitschriften oder Zeitungen
- Ihre Ausbildung, Zeugnisse
- besondere Auszeichnungen, Verdienste

Am elegantesten ist es natürlich, wenn der Veranstalter Ihre Vorstellung übernimmt. Finden Sie heraus, ob er Ihren Auftritt einleiten wird, und versorgen Sie ihn dann mit den wichtigsten Informationen, nach Möglichkeit bereits ausformuliert!

## Beispiel für eine Selbstvorstellung

Meine sehr verehrten Damen und Herren,

ich freue mich, heute über die Zukunft der nachwachsenden Rohstoffe sprechen zu dürfen. Wie Sie vielleicht wissen, engagiert sich unsere Firma Agrarplus seit etwa fünf Jahren für den Anbau und die Verarbeitung von Faserpflanzen. Als Vorsitzender unseres jungen Unternehmens und als Landwirt kann ich sagen: Unsere Arbeit ist auf fruchtbaren Boden gefallen. Renommierte Unternehmen, darunter vor allem Automobilhersteller, haben bereits ihr Interesse an einer Zusammenarbeit bekundet.

Aber kommen wir nun zu den Rohstoffen und ihrer Verarbeitung ...

## Beispiel für eine Fremdvorstellung

Sehr geehrte Damen und Herren,

unser nächster Redner stammt aus einem kleinen Dorf bei München, lebt aber seit über 20 Jahren in Boston. An der Harvard-University hat er Literatur studiert, doch solange er sich erinnern kann, üben Zahlen eine große Anziehungskraft auf ihn aus. Von sich selbst sagt er: „Meinen Beruf gibt es eigentlich nicht. Ich nenne mich einfach publizierender Unternehmensberater." Sicher kennen Sie viele seiner Bücher, darunter solche Bestseller wie „Tatort Job" und „Das Ende der Arbeit". Freuen Sie sich mit mir auf Dr. Lars-Peter Kupferdinger ...

Sie sollten Ihr Licht nicht unter den Scheffel stellen, sich aber auch nicht ständig hervortun. Beschränken Sie sich darauf, wenige Kernkompetenzen und besondere Verdienste zu nennen, die für das Thema von Bedeutung sind. Handeln Sie sich nicht den Ruf ein, an einer Profilneurose zu leiden!

# Wie präsent bin ich?

Im Kapitel „Die richtige Dramaturgie" haben Sie unter dem Punkt „Packende Einleitungen" gelernt, wie wichtig ein guter Start ist (s. S. 22 ff.). Schon auf dem Weg zum Podium sollten Sie Präsenz zeigen. Auch in diesem Punkt können Sie von anderen lernen. Denken Sie an das letzte Fest, bei dem Sie Gast waren. Festivitäten oder Parties sind gute Gelegenheiten, die Präsenz unserer Mitmenschen zu studieren. Manche fallen überhaupt nicht auf, andere ziehen alle Blicke auf sich, sobald sie das Zimmer betreten. Was sie in einer Runde sagen, hat immer Gewicht. Dass diese Leute oft gar keine Weisheiten von sich gegeben haben, fällt uns oft erst ein paar Tage später auf. Psychologen behaupten, dass uns solche Menschen deshalb so faszinieren, weil sie wach, vital und energisch sind, kurz gesagt: Stärke ausstrahlen.

## Wie kann ich meine Präsenz erhöhen?

- Beachten Sie alle Tipps im Abschnitt „Körpersprache gekonnt einsetzen" des Kapitels „Übung macht den Meister" (s. S. 44 ff.).

- Gehen Sie ausgeruht in eine Präsentation.

- Zeigen Sie Begeisterung für das Thema, über das Sie reden.

- Sprechen Sie in einem beschwingten Tonfall, betonen Sie wichtige Wörter.

## Stimmt mein Aussehen?

Hier geht es natürlich nicht um die Frage, ob Sie für eine Präsentation schön genug sind. Selbst wenn Sie meinen, die Natur habe Sie nicht gerade verwöhnt, können Sie in den Augen des Publikums eine exzellente Figur machen. Manche behaupten, dass ein blendendes Aussehen einer kompetenten Ausstrahlung manchmal sogar abträglich sei. Stellen Sie sich vor, ein Supermodel, ob nun männlich oder weiblich, würde vor Fachleuten einen Vortrag über Projektmanagement halten – glauben Sie, dass die Aufmerksamkeit des Publikums auf die Rede gerichtet wäre?

Wie auch immer, Sie müssen nicht gut aussehen, um gut anzukommen. Aber Sie sollten Geschmack beweisen und gepflegt auftreten. Hier ein paar Tipps:

- Denken Sie daran, dass eine Präsentation keine Modenschau ist. Alles Flippige und zu Modische kommt nicht in Frage. Es würde zu sehr ablenken.

- Tragen Sie Kleidung, die zum Anlass der Veranstaltung passt. Wir bewegen uns natürlich zu nah am Klischee, wenn wir für eine Rede vor Versicherungsvertretern zu grauen Schlipsen raten und für einen Auftritt vor Werbeleuten das pinkfarbene Jackett empfehlen würden. Doch denken Sie darüber nach, in welcher Kleidung Ihr Publikum erscheinen wird, und passen Sie sich ein wenig an.

- Dezente Farben sind vorzuziehen.

- Suchen Sie Kleidungsstücke aus, die Ihre Figur nicht zu stark betonen, ganz gleich ob Sie nun wie ein Athlet oder ein Model aussehen oder eher vollschlank sind.

- Achten Sie auf eine gepflegte Frisur.

- Denken Sie an Ihren Schmuck: Manche Armbänder oder Halsketten klappern oder rascheln, wenn man sich bewegt.

- Tragen Sie Kleidung, die bei jeder Bewegung gut sitzt. Wer sich zum Videorecorder hinunterbückt, um einen Knopf zu drücken, und dabei den Blick auf haarige Waden freigibt, trägt wahrscheinlich zu kurze Hosen.

# Bringe ich dem Publikum Hochachtung entgegen?

Hier können Sie viele Pluspunkte sammeln. Denn es ist recht einfach, den Zuhörern seine Wertschätzung zu zeigen. Doch in welcher Form könnten Sie ein Kompliment, ein Lob, eine kleine schmeichelnde Bemerkung in Ihre Präsentation einbauen?

**Vielleicht probieren Sie die folgenden Tipps einmal aus:**

- Sprechen Sie in Ihrer Präsentation Werte an, die das Publikum teilt. Familie, Glaube, Toleranz, Freiheit oder Schutz der Umwelt stellen solche Werte dar. Gibt es Punkte in Ihrem Vortrag, bei denen Sie eine Verbindung zu diesen Werten herstellen könnten?

- Lassen Sie erkennen, dass Sie das Publikum für informiert und kompetent halten. Das können Sie natürlich nur beherzigen, wenn Sie vor Leuten sprechen, für die die Materie Ihres Vortrages nicht vollkommen neu ist. So könnten Sie beispielsweise sagen: „Als Einkäufer kennen Sie ja die Schwierigkeiten am Markt am allerbesten, da muss ich Ihnen nichts erzählen ..."

- Auch wenn Sie Kritik üben: Beschimpfen oder beleidigen Sie Ihr Publikum niemals!

- Falls es wirklich einmal zu peinlichen Pannen oder Missverständnissen in Auseinandersetzungen kommt, an denen Sie Schuld haben, dann entschuldigen Sie sich. Aber so kurz und sachlich wie möglich! Das Publikum will keine rührende Selbstanklage hören – lediglich, dass es Ihnen leid tut.

- Belügen Sie das Publikum nicht, spiegeln Sie keine falschen Tatsachen vor.

- Sprechen Sie negative Rahmenbedingungen Ihrer Präsentation an, die jedermann bewusst sind. Vielleicht würden sich die Mitarbeiter der Firma viel lieber ein Fußballspiel ansehen, als von Ihnen in Verkaufstechnik geschult zu werden? Dann erwähnen Sie es, und zeigen Sie Verständnis: „Ich hätte heute abend ja gerne das Fußballspiel gesehen. Aber Ihr Chef hat für Fußball offenbar nicht viel übrig."

- Langweilen Sie Ihre Zuhörer nicht. Beachten Sie dazu auch alle Tipps im Abschnitt „Packende Einleitungen" des Kapitels „Die richtige Dramaturgie" (s. S. 22 ff.).

- Finden Sie heraus, ob sich Persönlichkeiten in Ihrem Publikum befinden, die großen Einfluss auf den Rest der Zuhörer haben. Das können Chefs, hohe Politiker oder renommierte Kritiker sein. Versuchen Sie, diese für sich zu gewinnen. Denn wenn sie gegen Sie sind, haben Sie unter Umständen auch den Rest des Publikums gegen sich.

- Gehen Sie dem Publikum in der Pause oder nach der Veranstaltung nicht aus dem Weg. Beantworten Sie gerne Fragen, gehen Sie auf Teilnehmer zu (s. auch das „Mit Fragen richtig umgehen", S. 95 ff.).

# Was macht mein Publikum?

## Wichtig: eine Beziehung zum Publikum aufbauen

Sie sprechen nicht von der Kanzel herab zu Ihrem Publikum. Sie sprechen, auch wenn Sie einen Monolog halten, mit ihm. Letzteres vor allem, wenn es im Anschluss an Ihre Rede um Diskussionen oder Fragen geht. Aber auch während Ihrer Präsentation interagieren Sie: Ihre Zuhörer bringen durch Lachen oder Beifall zum Ausdruck, wenn Ihnen etwas gefällt. Sie reden mit dem Nachbarn oder blicken zum Fenster hinaus, wenn sie sich langweilen. Alle diese Reaktionen gilt es zu beobachten und darauf zu reagieren.

Auch wenn es Ihnen während Ihrer Präsentation nicht immer gleich bewusst wird – die Reaktionen des Publikums nehmen großen Einfluss auf Ihre Rede und Ihr Befinden. Es gibt das nette, wohlwollende Publikum, das Ihnen aufmerksam zuhört, an den richtigen Stellen klatscht, über Ihren Humor lacht und

Sie schließlich mit tosendem Applaus für Ihre Arbeit belohnt. Das wird Sie wiederum bei Ihrer Präsentation beflügeln.

Aber nicht selten schauen wir in viele müde Augen, oder es herrscht eine bedrückende Stille im Saal. Vielleicht handelt es sich um eine Pflichtveranstaltung für die Mitarbeiter, oder es ist Freitagabend und man möchte lieber mit der Familie den Feierabend genießen. Jedenfalls ist diese Stimmung nicht gerade sehr motivierend für den Vortragenden.

Die Frage ist also: Wie bekommen Sie die Aufmerksamkeit? Aber auch: Was machen Sie mit nervtötenden Störenfrieden oder wegnickenden Zuhörern? Hier ein paar Tipps, die sicher wirken.

> Die folgenden Tricks funktionieren nur, wenn sie inhaltlich zu Ihrer Präsentation passen. Also überlegen Sie immer, wie Sie sie geschickt einbauen können.

## Ein müdes Publikum wachrütteln

- Wecken Sie das Publikum in Ihrer Einleitung mit einer Frage auf: „Es ist Samstag nachmittag, wahrscheinlich würden Sie jetzt eigentlich lieber Ihren Rasen mähen. Oder gibt es irgend jemanden hier im Saal, der ihn schon heute morgen gemäht hat?"

- Fordern Sie die Zuhörer auf, etwas zu tun: „Wir sind alle ein bisschen müde, meine verehrten Damen und Herren. Ich darf Sie bitten, kurz aufzustehen ... Ihren Nachbarn an der Hand zu nehmen ... und gemeinsam mit ihm in die Hocke zu gehen ..." Nehmen Sie sich bei solchen Übungen aber Leute aus dem Publikum und machen Sie es vor. Sonst bleiben Sie der Einzige, der in die Knie geht.

- Regen Sie mit Fragen zum Nachdenken an: „Überlegen Sie mal: Welcher Mensch in Ihrem Leben hat den größten Einfluss auf Sie gehabt?"

# Mit brenzligen Situationen zurechtkommen

Im Publikum sitzen bestimmte Zuhörer, die immer wieder auffallen und Ihnen als Redner das Leben schwer machen. Manchmal hat man den Eindruck, manche Leute besuchen Vortragsveranstaltungen nur, um zu stören. Es ist wichtig zu wissen, wie Sie auf solche Störenfriede reagieren können. Das Problem ist, dass diese zuviel Aufmerksamkeit auf sich ziehen, den Ablauf Ihrer Präsentation und die gute Atmosphäre kaputt machen und andere Zuhörer ablenken oder verärgern.

- Bewahren Sie Ruhe. Werden Sie auf keinen Fall persönlich, sondern bleiben Sie auf der Sachebene.

- Bedenken Sie, dass auch Störenfriede Meinungsmacher sind. Wenn Sie freundlich mit ihnen umgehen, sind die Sympathien auf Ihrer Seite.

- Fassen Sie sachlich und in ruhigem Ton zusammen, was der Zwischenrufer gesagt oder gefragt hat. Das entschärft die Situation. Antworten Sie kurz oder beziehen Sie seine Anmerkung ein. Leiten Sie über zur nächsten Frage oder zum nächsten Punkt.

- Sind die Anschuldigungen oder Fragen aus Ihrer Sicht einfach dumm, dann sagen Sie das bloß nicht! Auch wenn das Publikum ganz offensichtlich mit Ihnen einer Meinung ist. Auch eine unqualifizierte Frage kann zu einer qualifizierten Frage verwandelt werden, z. B. mit der Wendung: „Lassen Sie mich einen Schritt weitergehen und fragen…"

- Schlagen Sie vor, sich mit dem Betreffenden später über diese Frage zu unterhalten. Vielleicht sagen Sie: „Kommen Sie doch in der Pause zu mir. Dann unterhalten wir uns darüber!"

- Lassen Sie sich nicht auf eine Diskussion oder gar einen Streit ein. Auch wenn Sie recht haben.

- Sollte es zu massiven Störungen kommen, schreien Sie nicht dagegen an. Teilen Sie Ihren Zuhörern mit, dass Sie unter diesen Bedingungen leider nicht fortfahren können und dies sehr bedauern. Verlassen Sie den Saal, doch erhobenen Hauptes.

- Bitten Sie in schlimmen Fällen den Veranstalter oder den Saalordner zu Hilfe.

# Wie Sie in Diskussionsrunden eine gute Figur machen

An viele Präsentationen schließen sich Diskussionen oder Fragen an. Vielleicht regen Sie selbst ein Gespräch an. Diese Formen der Kommunikation entwickeln eine Eigendynamik, die Sie nicht unbedingt voraussehen können. Aber Sie haben die Möglichkeit, sich mit Techniken zu wappnen, die unabhängig von den Inhalten wirksam sind.

Nicht wenige Redner fürchten den Moment, in dem der Veranstalter an das Mikrofon tritt und verkündet: „Ich bitte die Redner nun, nach vorne zu kommen. Wir beginnen mit der Diskussion." Kein Wunder, wenn einige ins Schwitzen kommen, denn Diskussionsrunden sind aus mehreren Gründen heikel:

- Das Publikum vergleicht die Teilnehmer untereinander. Es könnten brillante Partner in der Runde glänzen, während andere untergehen.

- Vielleicht stellt das Publikum Zwischenfragen, auf die Sie nicht vorbereitet sind.

- Sie wissen nicht, wie die Diskussionsrunde beginnen wird: Mit einer Frage des Veranstalters? Mit der Vorstellung der Teilnehmer? Mit der Bitte, eine provokante These zu formulieren?

- Diskussionen können eskalieren.

Die folgende Checkliste bietet Ihnen die Möglichkeit, sich auf die verschiedensten Situationen vorzubereiten. Gehen Sie alle Punkte sorgfältig durch und Sie werden sicher eine gute Figur machen!

## Checkliste: Vorbereitung von Diskussionsrunden

| | ✓ |
|---|---|
| 1 Informieren Sie sich beim Veranstalter, wer an der Diskussion teilnehmen und wer sie moderieren wird. | |
| 2 Fragen Sie, wie der Moderator die Diskussion einleiten wird. Möchte er beispielsweise mit einer kurzen, provokanten These starten, fragen Sie nach dem zur Verfügung stehenden Zeitrahmen. Formulieren Sie Ihre eigene These entsprechend aus. Sie sollten sie flüssig vortragen können. | |
| 3 Erkundigen Sie sich, ob Sie ein eigenes Mikrofon haben werden oder nur eines für alle zur Verfügung steht. Falls es nur ein in der Mitte stehendes Mikro gibt, nutzen Sie es! Lassen Sie es sich herüberreichen. Sie sollten nicht die Erfahrung machen: Wer am nächsten sitzt, kommt am besten rüber! | |
| 4 Finden Sie heraus, wie lange die Diskussion dauern wird und ob nur die Redner miteinander diskutieren oder das Publikum teilnehmen wird. Fragen Sie, ob die Zuhörer im Anschluss an eine Podiumsdiskussion Fragen stellen dürfen. | |

# So verhalten Sie sich während der Diskussion richtig

- Gehen Sie freundlich mit den anderen Diskussionsteilnehmern um, auch wenn es heiß hergeht. Demonstrieren Sie Fairness: „Ich sehe das genauso, wie Frau Meier es sehr anschaulich geschildert hat. Aber in einem Punkt muss ich ihr doch widersprechen ..."

- Sorgen Sie dafür, dass Sie nicht zu kurz kommen. Manche Redner werden von den Zuhörern ständig irgend etwas gefragt, andere blicken stumm ins Publikum. Bringen Sie sich ins Spiel, indem Sie zum Beispiel Erläuterungen des Vorredners ergänzen: „Lassen Sie mich noch etwas hinzufügen..."

- Rechnen Sie mit guten und mit schlechten Moderatoren. Ein schlechter Moderator ist wahrscheinlich nicht gut vorbereitet und stellt Sie nicht richtig vor. Ergänzen Sie, wenn nötig, seine Ausführungen.

Möglicherweise ist der Moderator auch nicht in der Lage, die Runde zu managen, d. h. einige Teilnehmer spielen sich in den Vordergrund. Warten Sie nicht darauf, dass der Moderator einschreitet, tun Sie es selbst: „Entschuldigen Sie, Herr Schmidt, wenn ich zu Ende rede ..."

Versteht der Moderator seine Aufgabe jedoch richtig, fassen Sie sich bei allem, was Sie sagen, kurz.

# Mit Fragen richtig umgehen

An die meisten Präsentationen schließen sich Fragen an, manchmal werden sie auch schon während des Vortrages gestellt. Auch wenn Sie vielleicht Angst haben nicht alle beantworten zu können, sind Fragen wünschenswert, denn sie

- zeigen, dass die Zuhörer an der Materie interessiert sind,
- geben Ihnen Gelegenheit, mit dem Publikum direkt Kontakt aufzunehmen,
- bieten die Chance, Unklarheiten zu beseitigen.

Dennoch sind nicht alle Fragen gutgemeint. Es gibt Nervensägen, die um der Frage willen fragen. Es gibt Gegner, die uns mit einer Frage bloßstellen oder unseren Standpunkt kritisieren wollen. Es gibt aber auch ein Publikum, das gar keine Fragen stellt, obwohl man sich das wünscht. Auf alle diese Fälle sollten Sie vorbereitet sein.

## Denken Sie sich Fragen zu Ihrem Thema aus!

Das ist einer der wichtigsten Punkte: Fragen vorauszusehen und sich im vorhinein Antworten zu überlegen. In der Regel ist das nicht schwer.

- Sie haben ein bestimmtes Thema. Stellen Sie sich vor, Sie befänden sich in der Rolle der Zuhörer. Was würde Sie interessieren?

- Gibt es problematische Punkte in Ihrer Argumentation? Könnte Sie jemand fragen, warum Sie die gegnerischen Argumente A, B und C nicht berücksichtigt haben?

- Was antworten Sie, wenn jemand fragt, mit welchem Recht, welcher Kompetenz Sie über eine Sache sprechen?

- Gibt es Geschehnisse in Ihrem Lebenslauf, auf die Sie jemand ansprechen könnte?

Erklären Sie zu Beginn einer Präsentation, dass Sie Fragen am Ende beantworten werden. Erfahrungsgemäß stören Zwischenfragen den Ablauf Ihres Vortrages und sprengen den vorgesehenen Zeitrahmen. Außerdem gibt es Leute, die sich nicht mit den Fragen anderer aufhalten, sondern Ihren Vortrag hören wollen.

# Wie rege ich Fragen an?

Sie kennen diese Situation bestimmt: Gerade hat der Vortragende seine Präsentation beendet. Er geht einen Schritt auf sein Publikum zu, lächelt und sagt: „Sicher haben Sie Fragen, meine Damen und Herren. Schießen Sie los!" Doch nichts geschieht. Es herrscht große Stille im Saal. Endlich fasst ein Zuhörer Mut, seine Frage ist interessant, und es kommt schließlich sogar zu einer Diskussion. Der Redner ist erleichtert.

Wie schaffen Sie es, von vornherein ein gutes Frage-Klima zu schaffen? Indem Sie Fragen anregen! Das ist auf folgende Arten möglich:

- Stellen Sie den Zuhörern die Fragen. Zum Beispiel: „Gibt es Aspekte, die ich in meiner Präsentation nicht angesprochen habe, die Ihnen aber wichtig erscheinen?" oder „Welche Erfahrungen haben Sie eigentlich mit Personalverantwortlichen gemacht?"

- Berichten Sie, welche Fragen zu Ihrem Thema häufig gestellt werden. Erzählen Sie von einer solchen Frage und führen Sie aus, was Sie darauf gewöhnlich antworten.

- Gehen Sie auf Nummer sicher. Bitten Sie die Anwesenden vor Ihrer Präsentation, Fragen auf einen Zettel zu schreiben und abzugeben: „Ich möchte Sie um etwas bitten. Sie sind mit bestimmten Erwartungen hierher gekommen. Sicher haben Sie ein paar Fragen mitgebracht, die Sie durch meinen Vortrag beantwortet sehen möchten. Schreiben Sie Ihre Fragen kurz auf. Wir wollen sehen, ob ich am Ende Ihre Erwartungen erfüllt habe."

# Wie behandle ich Fragen?

1 Hören Sie sich die Frage aufmerksam und mit Interesse an, auch wenn sie Ihnen wenig durchdacht oder sogar dumm erscheint.

2 Wiederholen Sie die Frage laut und deutlich: „Herr Müller möchte gerne wissen, ob ..." So stellen Sie sicher, dass Sie die Frage verstanden haben und das Publikum sie akustisch mitbekommt.

3 Antworten Sie strategisch richtig. Ist es eine faire, sachorientierte Frage, wird es Ihnen nicht schwer fallen, sie zu beantworten. Bei schwierigen Fragestellern ist das anders. Im Folgenden finden Sie einige weitverbreitete Fragetypen der unangenehmen Sorte und Möglichkeiten, wie Sie darauf reagieren.

> Grundsätzlich gilt: Lassen Sie sich von keiner Frage aus der Fassung bringen. Bleiben Sie stets freundlich und ruhig.

# Unangenehme Fragen und wie Sie darauf reagieren

### Die Fangfrage

Manche Frager wissen ganz genau, wie sie vorgehen müssen um Sie in die Falle zu treiben. Solche Fallen sind zum Beispiel Fragen, auf die Sie mit Ja oder Nein antworten sollen. Der Zuhörer fragt zum Beispiel: „Haben Sie nun eine Übernahme der Stahlwerke vor, ja oder nein?" Bleiben Sie ruhig. Antworten Sie entweder so, dass Sie die Prämisse der Frage korrigieren: „Es handelt sich nicht um eine Übernahme, sondern um eine Fusion. Und die ist noch für dieses Jahr geplant, das ist richtig." Oder lassen Sie sich auf das Ja-Nein-Spiel gar nicht erst ein und weichen Sie aus: „Im Augenblick ist die Situation in der Branche sehr angespannt, wie Sie wissen. Wie wir uns entscheiden werden, hängt von vielen Fragen ab, die noch offen sind." Hören Sie Politikern zu. Sie beherrschen diese Technik hervorragend.

## Die Angriffsfrage

Vielleicht will ein Frager Sie angreifen und Ihren Standpunkt auf unfaire Weise kritisieren. Zu diesem Zweck unterstellt er Ihnen etwas, in der Annahme, dass Sie die Unterstellung hinnehmen werden, sich provozieren lassen und damit sich selbst bloßstellen: „Meinen Sie, dass wir mit Ihrem konservativen Ansatz die Probleme von heute lösen können?" Sie antworten darauf nicht etwa: „Ja, das finde ich", denn sonst würden Sie zugeben, dass Ihr Ansatz konservativ bzw. veraltet ist. Sie antworten stattdessen mit einer Gegenfrage: „Was meinen Sie mit konservativ? Wie kommen Sie darauf, dass mein Ansatz konservativ sein könnte?"

## Die Was-wäre-wenn-Frage

Ihre Präsentation lässt sich noch auf eine weitere Art und Weise aus den Angeln heben, z. B. mit einer Frage, die vollkommen hypothetisch ist: „Sagen Sie, wie sollen wir mit Ihren Lösungsvorschlägen arbeiten, wenn in fünf Jahren vielleicht zwei Prozent der Bevölkerung an dieser Krankheit leiden werden?" Antworten Sie geschickt: „Was in fünf Jahren sein wird, weiß keiner von uns. Welche Lösungen dann die richtigen sind, werden wir schon sehen."

## Die Bandwurm-Frage

Manche Frager packen in eine Frage gleich fünf oder zehn Fragen. Verzweifeln Sie nicht. Im Gegenteil: Beantworten Sie ein oder zwei Fragen, die Ihnen am besten gefallen. Sollte der Fragesteller noch unzufrieden sein, bieten Sie ihm ein Gespräch unter vier Augen nach der Veranstaltung an. Sagen Sie, dass Sie auch anderen die Chance geben möchten, Fragen zu stellen.

## Die Refrain-Frage

Es gibt Leute, die nicht zuhören oder aber nicht zuhören wollen. Letztere haben sich eine Frage überlegt und müssen sie loswerden, auch wenn sie schon ein anderer gestellt und Sie sie beantwortet haben. Bleiben Sie freundlich, aber verärgern Sie die Zuhörer nicht damit, dass Sie die Antwort noch einmal geben, zumal wenn sie länger ausfällt. Bitten Sie den Frager, nach der Diskussion zu Ihnen zu kommen, um die Sache zu klären. Aber vielleicht wollen Sie gar nicht so nett sein und lieber die Schnittchen am Buffet genießen. Dann sagen Sie einfach: „Die Frage wurde bereits gestellt. Bitte haben Sie Verständnis dafür, wenn wir uns jetzt den neuen Fragen zuwenden."

# Präsentationen nachbereiten

Sie erinnern sich noch an den Anfang unserer Darstellung: Sie hatten ein Ziel für Ihre Präsentation formuliert. Inzwischen haben Sie die Veranstaltung hinter sich und stellen sich die bange Frage: „Habe ich dieses Ziel erreicht? War meine Präsentation ein Erfolg oder ein Flop?"

Wir möchten Ihnen zwei Wege vorstellen, um dies herauszufinden:

- die Fremdeinschätzung, d. h. die Einschätzung Ihrer Leistungen durch das Publikum (S. 103), und

- die Selbsteinschätzung, bei der Sie sich selbst fragen, wie zufrieden Sie mit sich sind und wo Sie noch besser werden können (S. 105).

# Auf Erfahrungen aufbauen

Vielleicht fragen Sie sich gerade, warum die Nachbereitung einer Präsentation überhaupt so wichtig ist. Weil Sie die dabei gewonnenen Erfahrungen für Ihre berufliche und Ihre persönliche Entwicklung verwerten können.

- Ihre berufliche Entwicklung
  Vielleicht wollten Sie mit Ihrer Präsentation Neukunden gewinnen. Dann ist es wichtig zu erfahren, ob Sie tatsächlich neue Kunden gewonnen oder Ihre Zuhörer eher abgeschreckt haben. Das sollten Sie erst recht wissen, wenn Sie in Zukunft weitere Präsentationen halten müssen und Ihr beruflicher Erfolg oder Ihre Karriere davon abhängen.

- Ihre persönliche Entwicklung
  Sie werden sehen, dass Sie mit jeder Präsentation mehr und mehr Souveränität gewinnen. Jedesmal erfahren Sie etwas Neues über sich: Wie Sie auf andere Menschen wirken, wie Sie in heiklen Situationen reagieren, wo Sie Schwächen haben und angreifbar sind. Erst wenn Sie dies wissen, können Sie die eigene Persönlichkeit genauer kennenlernen und weiterentwickeln.

> Mit der Nachbereitung der Präsentation beantworten Sie zwei Fragen: 1. Habe ich mein Redeziel erreicht? 2. Wo sollte ich meine Präsentationstechnik noch verbessern?

Sie haben zwei Möglichkeiten, diese Fragen zu beantworten: durch eine Fremdeinschätzung und eine Selbsteinschätzung.

# Fragebogen „Fremdeinschätzung"

Legen Sie einen Fragebogen aus, und bitten Sie die Teilnehmer, diesen im Anschluss an Ihre Präsentation anonym auszufüllen. Sie finden im Folgenden ein Muster, das Sie auf Ihre Anforderungen und Redeinhalte zuschneiden können.

Sicher brauchen Sie ein wenig Mut, um diese Fremdeinschätzung durchzuführen. Sie müssen auch damit rechnen, dass einige Teilnehmer nicht ehrlich sein werden. Doch Trends lassen sich mit Sicherheit ablesen.

## Musterfragebogen Fremdeinschätzung

Sehr geehrte Damen und Herren,

nochmals herzlichen Dank für Ihr Interesse an diesem Vortrag. Ich bitte Sie, eine kurze Beurteilung dieser Präsentation vorzunehmen, damit ich Ihre Kritik und Ihre Anregungen bei der nächsten Veranstaltung berücksichtigen kann.

Bitte benoten Sie die folgenden Leistungen von 1 = sehr gut bis 6 = mangelhaft, indem Sie die Note Ihrer Wahl ankreuzen. Bei Fragen ohne Benotungssystem bitte ich Sie um eine knappe Stellungnahme. Im Voraus vielen Dank!

| Frage | Antwort | | | | | |
|-------|---------|---|---|---|---|---|
| Was war Ihrer Ansicht nach das Ziel dieser Präsentation? | | | | | | |
| Wie fanden Sie den Aufbau? | 1 | 2 | 3 | 4 | 5 | 6 |
| Wie fanden Sie die Beispiele? | 1 | 2 | 3 | 4 | 5 | 6 |
| Wie anschaulich war der Vortrag gestaltet? | 1 | 2 | 3 | 4 | 5 | 6 |
| War der Aufbau der Folien/Bilder/ Videos etc. deutlich und klar? | 1 | 2 | 3 | 4 | 5 | 6 |
| Hat der Redner Folien und Bilder gut erklärt? | | | | | | |
| Wo hätte der Redner ausführlicher, wo knapper sein können? | | | | | | |
| Haben Sie etwas gelernt? | 1 | 2 | 3 | 4 | 5 | 6 |
| Hat der Redner laut und deutlich genug gesprochen? | 1 | 2 | 3 | 4 | 5 | 6 |
| Woran erinnern Sie sich spontan, wenn Sie an den Vortrag denken? (Inhalte, Gesten, Geschichten...) | | | | | | |
| Hat der Redner gut durch die Diskussion geführt? | 1 | 2 | 3 | 4 | 5 | 6 |
| Was könnte der Redner das nächste Mal besser machen? | | | | | | |
| Haben Sie sich gelangweilt? Wenn ja, wann? | | | | | | |

# Fragebogen „Selbsteinschätzung"

Auch wenn Sie es nicht wagen, einen Fragebogen zur Fremd-einschätzung auszulegen – eine kritische Selbsteinschätzung sollten Sie auf jeden Fall vornehmen. Interessant ist es sicher, beide Fragebogen einzusetzen. So erkennen Sie, ob Fremd- und Selbstbild übereinstimmen, bzw. wo Sie in Zukunft noch an sich arbeiten müssen.

## Musterfragebogen Selbsteinschätzung

| Frage | Antwort |
|---|---|
| Was hat gut funktioniert? | |
| Gab es Momente der Unsicherheit? | |
| Wann haben die Zuhörer positiv reagiert? (applaudiert, Fragen gestellt, gelacht etc.) | |
| Hatte ich manchmal das Gefühl, dass die Zuschauer abwesend/müde/ gelangweilt sind? In welchem Abschnitt/bei welchem Punkt der Präsentation war das? | |

| Sind Zuhörer in der Pause oder am Ende der Präsentation auf mich zugekommen? Aus welchem Grund? | |
| --- | --- |
| Gibt es Anzeichen dafür, dass ich mein Ziel erreicht habe? | |
| Habe ich mich in der Diskussionsrunde/ Fragerunde gut geschlagen? Warum kamen andere evtl. besser rüber? | |

# Präsentieren im Verkauf

Eine professionelle Präsentationstechnik zahlt sich natürlich nicht nur bei Vorträgen oder Reden aus. Wer im Verkauf tätig ist, weiß, dass ohne das richtige Handwerkszeug kaum ein Euro zu verdienen ist.

In diesem Kapitel erfahren Sie

- wie Sie Kundenbesuche optimal vorbereiten (S. 109) und
- was Sie im Verkaufsgespräch beachten müssen (S. 114).

# Besondere Rahmenbedingungen

Im direkten Kundenkontakt muss die Präsentationstechnik auf die spezifische Verkäufer-Kunden-Beziehung zugeschnitten sein. Kunden zücken selten sofort ihre Geldbörse. Bei Haustürgeschäften und Produktvorführungen stoßen viele Verkäufer erst einmal auf Ablehnung, nach dem Motto „Der will was von uns. Aber wir werden es ihm nicht geben." Selbst dort, wo Kunden an einem Produkt oder einer Dienstleistung interessiert sind, muss der Verkäufer mit einer Reihe von Einwänden rechnen. Daher gilt:

> Will der Verkäufer Erfolg haben, muss er die Einwände des Kunden richtig behandeln.

## Beispiele

 Erinnern Sie sich doch einmal an Ihre eigenen Erfahrungen als Kunde. Zum Beispiel als dieser Vertreter unangemeldet vor Ihrer Haustür stand. Sicher waren Sie erst einmal skeptisch. Schließlich will man sich nichts andrehen lassen, was sich hinterher als Reinfall entpuppt. Vielleicht möchte man auch gar nichts kaufen und den Verkäufer schnell loswerden. Er soll seinen Staubsauger, seinen Küchenmixer oder was auch immer bloß nicht in die Wohnung schleppen!

Und jetzt versuchen Sie sich an einen Verkäufer zu erinnern, von dessen Angebot Sie gerne Gebrauch gemacht haben. Wahrscheinlich hatten Sie das Gefühl: „Hier spricht jemand meine Sprache, kennt meine Probleme und weiß die richtige Lösung." Mit Sicherheit hat dieser Verkäufer eine Technik eingesetzt, um Sie zu überzeugen. Und zwar so gut, dass Sie davon nichts oder kaum etwas gemerkt haben.

Wie gelingt es Ihnen, ein angenehmes Klima herzustellen, in dem Ihre Präsentation eine Chance hat? Im Folgenden stellen wir Ihnen die wesentlichen Schritte vor.

# Kundenbesuche vorbereiten

> Die erste wichtige Regel lautet: Bereiten Sie sich auf jeden Kunden sorgfältig vor!

Dazu müssen Sie wissen,

- welchen Kundentyp Sie vor sich haben,
- welche Produkte mit welchen Eigenschaften/Vorteilen Sie anzubieten haben.

Stellen Sie sich vor, Sie erläutern einer älteren Dame seit einer Viertelstunde die Vorteile eines Bodenreinigers und erfahren schließlich, dass sie das Putzen seit zehn Jahren ihrer Schwiegertochter überlässt. Vielleicht fragt Sie ein Kunde, warum Ihre Produkte so einzigartig sein sollen, und Sie kommen erst einmal ins Grübeln! Überraschungen dieser Art lassen sich leicht vermeiden, wenn Sie sich an folgende Ratschläge halten.

## Sammeln Sie alle Informationen über Ihre Produkte bzw. Leistungen

In der Regel hält das Unternehmen, für das Sie arbeiten, eine Fülle von Informationen bereit. Produktbroschüren, Handbücher, Werbemittel und vieles mehr sind gute Quellen. Sie sollten auch Ihr Unternehmen und seine Ziele kennen. Ist es besonders innovativ? Fertigt es umweltfreundlich? Alle diese Informationen können Ihnen später als Verkaufsargumente dienen. Wichtig ist vor allem: Halten Sie Ihr Wissen immer auf dem neuesten Stand!

## Bereiten Sie sich auf verschiedene Kundentypen vor!

Wir unterscheiden zwei Kundentypen: Neukunden, denen Sie zum ersten Mal einen Besuch abstatten, und Kunden, die bereits bei Ihnen oder Ihrem Vorgänger gekauft haben. Auf beide müssen Sie sich vorbereiten, denn jeder Typ hat andere Bedürfnisse und bietet andere Chancen für den Verkauf.

### Wie Sie sich auf den Neukunden einstellen

Versetzen Sie sich an die Stelle eines Kunden, der noch nie bei Ihnen gekauft hat und Ihr Unternehmen nicht kennt. Stellen Sie sich folgende Fragen:

- Was spricht für unser Unternehmen?
  Zum Beispiel der gute Ruf, die Qualität der Produkte, die Innovationen auf speziellen Gebieten, der einzigartige Service etc.

- Was frage ich den potentiellen Kunden?
  Zum Beispiel: Mit welcher Software arbeiten Sie eigentlich im Einkauf? Kämpfen Sie manchmal mit Problemen, die Ihre Software nicht lösen kann?

- Welche Informationen brauche ich, damit er an bestimmten Produkten/Angeboten Interesse findet?

- Welche Produkte sind zurzeit besonders gefragt, z. B. abhängig von der Jahreszeit (Heizungen im Winter etc.) oder von Feiertagen (ein Geschenk für Weihnachten)?
- Gibt es gerade attraktive preisreduzierte Angebote?

Lassen Sie das Verkaufsgespräch mit einem Neukunden mehrere Male vor Ihrem inneren Auge ablaufen. Überlegen Sie sich, welche Fragen er stellen kann, und planen Sie anhand des kleinen Fragenkatalogs Ihr Vorgehen. Sprechen Sie dabei laut!

**Wie Sie sich auf den Bestandskunden vorbereiten**

Kunden, die bereits gekauft haben, begegnen Sie natürlich anders. Hier die wichtigsten Schritte bei der Vorbereitung:

- Studieren Sie die Kundenkarte!
  Zum Beispiel: Was kauft der Kunde gewöhnlich? Animieren Sie ihn zu Nachbestellungen!

- Überlegen Sie, welche Produkte diesen Kunden interessieren könnten!
  Wo bestehen bei diesem Kunden die größten Aussichten auf einen Verkauf?

- Gibt es besondere Anlässe, zu denen Ihr Angebot passt?
  Vielleicht hat der Kunde gerade geheiratet und Sie regen den Abschluss einer Lebensversicherung an.

## Ordnen Sie den Kunden einer Zielgruppe zu!

Mit etwas Übung gelingt es Ihnen, den Kunden einer bestimmten Zielgruppe zuzuordnen. Zielgruppen sind zum Beispiel:

- Geschäftsleute
- Familien
- Singles
- Senioren
- Jugendliche, Kinder

Fragen Sie sich, welche speziellen Bedürfnisse diese Zielgruppen haben und welche Produkte/Leistungen Sie ihnen anbieten könnten!

## Nutzen Sie Werbemittel!

Viele Firmen stellen ihren Verkäufern eine Reihe von Werbemitteln zur Verfügung, die ihnen helfen, beim Kunden Kaufreize auszulösen. Wie Sie im Kapitel „Modelle und Produkte zum Anfassen" (S. 67) bereits erfahren haben, sind sinnliche Erlebnisse sehr wichtig, um zu überzeugen. Zu beachten ist allerdings, dass solche Hilfen nicht „verschenkt" werden: Haben Sie beispielsweise einige Haushalte mit Werbemitteln wie Produktpröbchen oder Katalogen einige Tage vor oder während Ihres Besuchs versorgt, dann versäumen Sie nicht, bei diesen potentiellen Kunden wieder vorbeizuschauen!

## Beispiel

 Haben Sie beispielsweise in einer Reihenhaussiedlung Honig aus der eigenen Imkerei zum Kennenlernen verteilt, melden Sie sich kurze Zeit später bei den Bewohnern und lassen ein Verkaufsgespräch folgen: „Wie hat Ihnen denn das Pröbchen geschmeckt?"

## Kleiden Sie sich richtig!

Grundsätzlich gilt: Eine saubere, gepflegte und nicht zu modische Kleidung ist immer angemessen.

## Nehmen Sie die richtigen Produkte mit!

Überlegen Sie vor jedem Besuch: Welche Produkte nehme ich zum Kunden mit, welche lasse ich im Auto und welche hole ich erst später? Für jeden Kundentyp gibt es eine Auswahl an passenden Produkten: Der Neukunde interessiert sich für andere Dinge als der Bestandskunde. Überlegen Sie, welche Zielgruppe Sie besuchen wollen und was diese Gruppe benötigen könnte.

## Die positive Ausstrahlung

Beim Verkaufen geht es nicht in erster Linie um Produkte. Es geht vor allem um gute Beziehungen. Sie müssen ein positives Gesprächsklima schaffen und das Vertrauen des Kunden gewinnen. Ihre Ausstrahlung ist deshalb ein wichtiger Faktor für den Verkauf.

Die zweite wichtige Regel für den Verkaufserfolg lautet: Begegnen Sie Kunden stets in positiver Stimmung!

Bringen Sie sich in eine positive Stimmung, indem Sie sich selbst bereits vor dem Kundenbesuch ein kleines Lächeln schenken. Folgende Tipps sollten Sie außerdem befolgen:

- Bleiben Sie das ganze Verkaufsgespräch hindurch freundlich!
- Zeigen Sie Interesse an Ihrem Gesprächspartner, indem Sie mit dem Kopf nicken, öfter Fragen stellen, Blickkontakt halten!
- Diskutieren und streiten Sie nie mit dem Kunden!
- Drücken Sie sich positiv aus (vermeiden Sie Ausdrücke wie *nein, falsch, unmöglich* etc.)!

# Die vier Phasen des Verkaufsgesprächs

Jedes Verkaufsgespräch durchläuft vier Phasen. Es ist für Sie wichtig, diese zu kennen. Nur so können Sie sich optimal darauf vorbereiten und entsprechend souverän agieren.

- **In der Eröffnungsphase**
  muss es Ihnen gelingen, Interesse zu wecken, die Sympathie des Kunden zu gewinnen.
- **In der Informationsphase**
  versorgen Sie den Kunden mit den Informationen, die den Kaufreiz auslösen.

- **In der Argumentations- und Präsentationsphase**
  stellen Sie verständlich Nutzen und Vorteile dar und präsentieren Lösungen.

- **In der Zielphase**
  erkennt und akzeptiert der Kunde den Nutzen. Indem er kauft, werden seine Bedürfnisse befriedigt. Das Ziel ist erreicht.

Gehen wir die einzelnen Phasen durch.

# 1 Die Eröffnungsphase: Wie wecke ich Interesse?

Der erste Augenblick, in dem der Kunde und Sie sich gegenüberstehen, entscheidet über Sympathie oder Antipathie. Besinnen Sie sich deshalb auf Ihre natürlichen, positiven Kräfte. Sprechen Sie deutlich, ruhig und selbstbewusst. Viele Verkäufer rattern auswendig gelernte Sätze herunter. Der Kunde muss das Gefühl haben, dass Sie ihn ganz persönlich ansprechen. Lassen Sie ihn dabei spüren, dass Sie hinter Ihrer Firma und Ihren Produkten stehen. Stellen Sie eine Einstiegsfrage, die den Kunden interessiert und die er nicht einfach mit Ja oder Nein beantworten kann.

## 2 Die Informationsphase: Wie finde ich heraus, was der Kunde braucht?

Wer die Bedürfnisse des Kunden erkennen will, benötigt Informationen. Diese bekommen Sie aber nur, wenn Sie mit dem Kunden in einen Dialog treten. Am besten erreichen Sie dies, indem Sie Fragen stellen.

> Merken Sie sich: Wer fragt, der führt.

### Die offene Frage

Damit locken Sie den Kunden aus der Reserve, da er nicht mit Ja oder Nein antworten kann. Typische Fragewörter sind: *Was – Wer – Wann – Wie – Wo – Welche – Warum – Wieso – Weshalb.* Überlegen Sie sich Fragen, die den Kunden dazu bringen, Ihnen mehr über seine Wünsche oder Abneigungen zu verraten.

**Beispiel**

 Was halten Sie von einer Homepage im Internet? (anstatt: Wollen Sie eine Homepage im Internet?)

## Die Alternativ-Frage

Sie zwingt den Gesprächspartner dazu, sich zu entscheiden, und zwar in Ihrem Sinne.

### Beispiel

Nehmen wir an, der Kunde bittet sich für den Kauf Bedenkzeit aus. Antworten Sie auf keinen Fall: „Überlegen Sie es sich noch einmal, auf Wiedersehen." Sagen Sie: „Aber gerne. Soll ich am Dienstag oder am Mittwoch noch einmal bei Ihnen vorbeischauen?".

## Die Bügeleisen-Technik

Stellen Sie sich vor, jemand wirft Ihnen ein heißes Bügeleisen zu. Was tun Sie? Sie werfen es natürlich zurück. So gehen Sie auch mit den Fragen des Kunden um. Anstatt zu antworten, stellen Sie ihm sofort eine Gegenfrage. Denn würden Sie mit Ja oder Nein antworten, könnten Sie leer ausgehen.

### Beispiel

Kunde: „Haben Sie blaue Hemden?"

Verkäufer: „Möchten Sie lieber blaue Hemden?"

Kunde: „Nein, die roten sind eigentlich doch besser."

## „Wo drückt der Schuh?"-Fragen

Versuchen Sie herauszufinden, wo Ihrem Kunden der Schuh drückt, und bieten Sie ihm dann Ihre Lösung an.

**Beispiel**

 Verkäufer: „Haben Sie eigentlich schon ein Geschenk für Ostern? Wir haben gerade diese 'Fang den Hasen-Aktion'..."

# 3 Die Argumentations- und Präsentationsphase: Wie überzeuge ich den Kunden?

Ein Kunde kauft nur dann, wenn er sich davon einen Nutzen verspricht. Daraus folgt für Sie:

1 Lernen Sie Ihr Unternehmen und alle Produkte genauestens kennen (Kapitel „Kundenbesuche vorbereiten", S. 109).

2 Trainieren Sie, die Vorteile und den Nutzen der Produkte überzeugend zu präsentieren.

Doch wie funktioniert das? Hier ein paar wichtige Tipps:

- Schildern Sie Vorteile so konkret wie möglich. Malen Sie dem Kunden aus, wie wunderbar sein Leben erst sein wird, wenn er dieses Produkt besitzt.

**Beispiel**

 Verkäufer: „Mit diesem Wagen werden Sie jeden überholen!" (Anstatt: „Dieser Wagen hat 180 PS.")

- Sprechen Sie, wo möglich, die Sinne an. Lassen Sie den Kunden Ihre Produkte anfassen, riechen usw.

- Ziehen Sie die Präsentation nicht in die Länge. Maximal 15 Minuten sind genug!
- Schneiden Sie Ihre Argumente auf den Kunden zu. Machen Sie ihm dabei auch einmal ein Kompliment, das Ihnen nützt.

**Beispiel**

 Verkäufer: „Sie haben aber ein liebes Hündchen. Na, da greifen Sie sicher auch lieber zu Produkten, die ohne Tierversuche hergestellt werden …"

## Wie Sie mit dem Nein des Kunden umgehen

Sie müssen während Ihrer Präsentation immer wieder mit Einwänden oder Ablehnung rechnen. Der Kunde wird Ihnen vielleicht unumwunden sein „Nein" entgegenschmettern. Viele Verkäufer fürchten sich vor diesem kleinen Wörtchen. Jedoch sollten Sie sich davon nicht ins Bockshorn jagen lassen. Erstens richtet sich ein Einwand nicht gegen Sie persönlich, und zweitens: Wieso sollen Sie sich Ihre Laune von willkürlichen Äußerungen verderben lassen? Anstatt sich zu ärgern, bleiben Sie ruhig! Versuchen Sie, durch Fragen zu ergründen, warum der Kunde diesen Einwand hat (lesen Sie die vorangegangenen Ausführungen zu Fragetechniken).

**Beispiel**

 Kundin: „Danke. Ich möchte kein Make-up!"
Verkäufer: „Was stört Sie denn an Make-up?"
Kundin: „Es trocknet die Haut so aus!"
Verkäufer: „Na, geben Sie mir einmal Ihre Hand ... Und? ... Wie fühlt sich dieses Make-up an? Gut, nicht wahr?"

> Die Kunst des Verkaufens fängt erst nach dem Nein des Kunden an!

# 4 Die Zielphase: Woran erkenne ich, dass der Kunde kaufbereit ist? Wie bekomme ich den Auftrag?

Viele Verkäufer zerreden den Verkaufsabschluss. Sie erkennen nicht, wann der Kunde Kaufsignale aussendet.

## Die wichtigsten Kaufsignale

- zustimmende Feststellungen
  *„Das ist ja gar nicht schlecht!", „Damit könnte ich dann endlich ..."*

- Frage nach Einzelheiten
  *„Und wo kann ich Ihr Produkt überall einsetzen?"*

- eindeutige Informationsfragen
  *„Und was soll es kosten?"*

- außerdem folgende Verhaltensweisen:

  - zustimmendes Kopfnicken

  - der Kunde kommt Ihnen immer näher

  - das Produkt wird plötzlich in die Hand genommen usw.

## Die Preisargumentation

Das Gespräch über den Preis ist eine der schwierigsten Etappen im Verkauf. Preise dürfen nie im Zentrum Ihres Gesprächs stehen, sie sind erst dann Thema, wenn Sie den Kunden vom Nutzen des Produkts überzeugt haben. Wichtig ist, dass Sie den Preis „verpacken". Der Kunde muss denken: „Unglaublich, was ich für diesen Preis an Qualität und Nutzen bekomme!"

- Stellen Sie den Preis gemeinsam mit dem Nutzen dar.

**Beispiel**

Verkäufer: „Das komplette Paket bekommen Sie für 50 Euro. Dafür haben Sie die nächsten 12 Monate einen hervorragenden Reiniger, den Sie im ganzen Haushalt einsetzen können. Wo findet man so etwas schon?".

- Fragt der Kunde schon am Anfang oder in der Mitte des Gesprächs nach dem Preis, antworten Sie mit einer Gegenfrage.

**Beispiel**

Verkäufer: „Der Preis ist für Sie sehr wichtig?"
Kunde: „Na klar!"
Verkäufer: „Sie wissen dann nur noch nicht, was Sie dafür bekommen. Ich darf Ihnen das kurz erklären ..."

Rücken Sie die Leistungsmerkmale des Produktes und nicht den Preis in den Mittelpunkt des Gesprächs.

## Wie Sie beim Vertragsabschluss vorgehen

Wiederholen Sie nochmals alle positiven Argumente und führen Sie den Kunden jetzt in Richtung Vertragsabschluss. Wichtig ist übrigens, dass Sie den Auftrag schnell ausfüllen können. Durch Herumtrödeln hat es sich schon so mancher Kunde noch einmal anders überlegt. Mit folgenden Verhaltensweisen können Sie den Abschluss üben.

## Verhaltensweisen für den Abschluss

- Leiten Sie mit einer Frage zum Abschluss hin.

**Beispiel**

„Was meinen Sie, wieviel ... brauchen Sie?"

- Vermeiden Sie abschreckende Worte wie „unterschreiben", „unterzeichnen", „Kaufvertrag", „Kosten" etc. Sie lösen beim Kunden Ängste aus.

**Beispiel**

 Benutzen Sie statt dessen Formulierungen wie „die Bestellung bestätigen", „erhältlich für...", „die Unterlagen..." – das klingt in den Ohren des Kunden wesentlich besser.

- Sollte der Kunde wider Erwarten seine Meinung plötzlich ändern, lassen Sie nicht locker! Finden Sie durch freundliches Fragen den Grund für sein Zögern heraus und versuchen Sie seine Einwände durch gute Argumente zu entkräften.

# Stichwortverzeichnis

**Bibliografische Information der Deutschen Bibliothek**
Die Deutsche Bibliothek verzeichnet diese Publikation in der Deutschen National-
bibliografie; detaillierte bibliografische Daten sind im Internet über http://dnb.ddb.de
abrufbar.


ISBN 978-3-448-10026-6
Bestell-Nr. 00670-0005




5., aktualisierte Auflage 2009

© 2009, Rudolf Haufe Verlag GmbH & Co. KG, Niederlassung Planegg / München
Postanschrift: Postfach, 82142 Planegg
Hausanschrift: Fraunhoferstraße 5, 82152 Planegg
Fon: (0 89) 8 95 17-0, Fax: (0 89) 8 95 17-2 50
E-Mail: online@haufe.de
Internet www.haufe.de
Lektorat: Dr. Ilonka Kunow
Redaktion: Jürgen Fischer
Redaktionsassistenz: Christine Rüber

**Umschlaggestaltung:** Agentur Buttgereit & Heidenreich, 45721 Haltern am See
**DTP:** Agentur: Satz & Zeichen, Karin Lochmann, 83129 Höslwang
**Druck:** freiburger graphische betriebe, 79108 Freiburg

Zur Herstellung der Bücher wird nur alterungsbeständiges Papier verwendet.

# Die Autorin

## Claudia Nöllke,

vom Textbüro Nöllke in München, ist Werbetexterin und Journalistin. Sie arbeitet für die Fach- und Wirtschaftspresse sowie für zahlreiche Agenturen, Verlage und Unternehmen.

# Weitere Literatur:

„Wie Zahlen wirken. Betriebliche Kennzahlen vorteilhaft darstellen", von Franz Hölzl, Heinz-Josef Botthof und Nadja Raslan, 192 Seiten, mit CD-ROM, € 29,80.
ISBN 978-3-448-08795-6, Bestell-Nr. 01059

„Projektmanagement Checkbook", von René Sutorius, 208 Seiten, mit CD-ROM, € 24,80.
ISBN 978-3-448-06815-3, Bestell-Nr. 00232

„Präsentieren mit PowerPoint", von Rainer Weiss, 128 Seiten, mit CD-ROM, € 9,90.
ISBN 978-3-448-08733-8, Bestell-Nr. 00971

„Körpersprache", von Tiziana Bruno und Gregor Adamczyk, 256 Seiten, € 6,90.
ISBN 978-3-448-09299-8, Bestell-Nr. 01305

# TaschenGuides – Qualität entscheidet

Bereits erschienen: